河南省地方标准《集中式饮用水水源保护区勘界技术规范》（DB41/T 2528—2023）解读及典型案例

袁彩凤　肖军仓　张晓果　张清敏　等　著

中国环境出版集团・北京

图书在版编目（CIP）数据

河南省地方标准《集中式饮用水水源保护区勘界技术规范》（DB41/T 2528—2023）解读及典型案例 / 袁彩凤等著. -- 北京 : 中国环境出版集团, 2025. 10.
ISBN 978-7-5111-6295-3

Ⅰ. X52-65
中国国家版本馆 CIP 数据核字第 20256HV309 号

策划编辑 王素娟
责任编辑 宾银平
封面设计 岳 帅

出版发行 中国环境出版集团
（100062 北京市东城区广渠门内大街 16 号）
网 址：http://www.cesp.com.cn
电子邮箱：bjgl@cesp.com.cn
联系电话：010-67112765（编辑管理部）
010-67113412（第二分社）
发行热线：010-67125803，010-67113405（传真）

印 刷 北京建宏印刷有限公司
经 销 各地新华书店
版 次 2025 年 10 月第 1 版
印 次 2025 年 10 月第 1 次印刷
开 本 787×1092 1/16
印 张 9.25
字 数 180 千字
定 价 62.00 元

本书写作人员

袁彩凤　肖军仓　张晓果　张清敏　赵晓辉

郭伯钊　张新乐　黄振勇　王　良　宁朝阳

庞长有　申　艳　和　红　高彬杰　娄世玲

吕晓燕　魏海燕　李　毅　杨　婧　乔　康

肖建辉　任　超　陈　浩　索西京

前 言

水是生命之源、生产之要、生态之基，饮水安全问题是关系国计民生的重大问题,也是国家城市发展战略中最为突出的问题。《中共中央 国务院关于深入打好污染防治攻坚战的意见》提出“加快推进城市水源地规范化建设，加强农村水源地保护”。《河南省水污染防治条例》第五十条明确规定“有关地方人民政府应当在饮用水水源保护区的边界设立明确的地理界标和明显的警示标志”。《河南省“十四五”生态环境保护和生态经济发展规划》提出：“深入推进县级以上城市水源地规范化建设……加强农村水源地保护，到 2025 年，完成乡镇集中式饮用水水源保护区划定、勘界立标及问题整改。”

精准清晰的保护区边界是开展水源地规范化建设和环境执法的重要依据，勘界工作是精准定界保护区边界的基础。早在 2017 年，河南省就印发实施了《河南省集中式饮用水水源地保护区勘界立标技术指南》，对饮用水水源保护区勘测内容、勘界成果等作出规定，指导河南省 1 300 余个集中式饮用水水源保护区的勘界工作。

河南省生态环境厅组织编制完成河南省地方标准《集中式饮用水水源保护区勘界技术规范》（DB41/T 2528—2023），由河南省市场监督管理局于 2023 年 10 月 31 日发布，2024 年 1 月 29 日正式实施。该地方标准为全国第一个饮用水水源保护区勘界标准。该标准规定了集中式饮用水水源保护区勘界的基本要求、准备工作、踏勘与测量、保护区边界标绘、勘界成果编制和质量控制等技术要求，对集中式饮用水水源保护区勘界的工作流程、勘界依据、勘界精度、成果形式等提出了明确要求。

本书内容主要包括两部分：第一部分是对《集中式饮用水水源保护区勘界技术规范》（DB41/T 2528—2023）进行解读，旨在进一步细化和明确保护区勘界各项技术要求及具体含义；第二部分是总结分析部分保护区勘界的典型实例，旨在为各地开展饮用水水源保护区勘界提供案例参考和借鉴。

本书共十二章，由袁彩凤、肖军仓组织写作，各章的写作人员为：

第一部分：第一章为袁彩凤、肖军仓、张晓果；第二章为肖军仓、张清敏、赵晓辉；第三章为肖军仓、郭伯钊、张新乐、张晓果、张清敏。

第二部分：第四章为黄振勇、王良，肖军仓审稿；第五章为宁朝阳、庞长有、申艳、和红，张晓果审稿；第六章为高彬杰、娄世玲，肖军仓审稿；第七章为吕晓燕、魏海燕、李毅，张晓果审稿；第八章为张新乐、杨婧，肖军仓审稿；第九章为张新乐、乔康，肖军仓审稿；第十章为肖建辉、任超，肖军仓审稿；第十一章为陈浩、索西京，肖军仓审稿；第十二章为肖军仓。

因作者学识和水平有限，不当之处恳请广大读者批评指正。

目 录

第一部分 《集中式饮用水水源保护区勘界技术规范》（DB41/T 2528—2023）解读

第一章 概 论 …… 3
1.1 河南省饮用水水源保护区勘测定界的发展历程 …… 3
1.2 河南省饮用水水源保护区勘界工作现状 …… 5
1.3 标准编制目的和意义 …… 5
第二章 标准制定说明 …… 7
2.1 任务来源 …… 7
2.2 标准制定基本原则 …… 7
2.3 标准制定技术路线 …… 7
2.4 标准制定主要过程 …… 9
第三章 主要技术内容 …… 11
3.1 主要内容及章节设置 …… 11
3.2 适用范围 …… 12
3.3 规范性引用文件 …… 13
3.4 术语和定义 …… 14
3.5 基本要求 …… 15
3.6 准备工作 …… 18
3.7 踏勘与测量 …… 20
3.8 保护区边界标绘 …… 22

3.9 勘界成果编制 …… 25
3.10 质量控制 …… 37

第二部分 饮用水水源保护区勘界典型实例

第四章 水库型水源地——丹江口水库 …… 41
4.1 水源地基本情况 …… 41
4.2 保护区划分情况 …… 41
4.3 勘界实施过程 …… 42
4.4 成果质量控制与检查 …… 48
4.5 作者点评 …… 51
第五章 水库型水源地——出山店水库 …… 52
5.1 水源地基本情况 …… 52
5.2 保护区划分情况 …… 52
5.3 勘界实施过程 …… 53
5.4 成果质量控制与检查 …… 63
5.5 作者点评 …… 67
第六章 水库型水源地——商城县鲇鱼山水库 …… 68
6.1 水源地基本情况 …… 68
6.2 保护区划分情况 …… 68
6.3 勘界实施过程 …… 70
6.4 成果质量控制与检查 …… 72
6.5 作者点评 …… 74
第七章 河流型水源地——漯河澧河 …… 75
7.1 水源地基本情况 …… 75
7.2 保护区划分情况 …… 75
7.3 勘界实施过程 …… 76
7.4 成果质量控制与检查 …… 80

7.5 作者点评 …… 80

第八章 河流型水源地——三门峡市黄河后川 …… 81

8.1 水源地基本情况 …… 81

8.2 保护区划分情况 …… 81

8.3 勘界实施过程 …… 82

8.4 成果质量控制与检查 …… 88

8.5 作者点评 …… 91

第九章 地下水型水源地——安阳市市级地下水饮用水水源地 …… 92

9.1 水源地基本情况 …… 92

9.2 保护区划分情况 …… 92

9.3 勘界实施过程 …… 93

9.4 成果质量控制与检查 …… 98

9.5 作者点评 …… 100

第十章 地下水型水源地——洛阳市洛南地下水井群 …… 102

10.1 水源地基本情况 …… 102

10.2 保护区划分情况 …… 102

10.3 勘界实施过程 …… 103

10.4 成果质量控制与检查 …… 107

10.5 作者点评 …… 109

第十一章 地下水型水源地——洛阳市孟津区王庄地下水井群 …… 110

11.1 水源地基本情况 …… 110

11.2 保护区划分情况 …… 110

11.3 勘界实施过程 …… 111

11.4 成果质量检查 …… 115

11.5 作者点评 …… 117

第十二章 勘界要点解析 …… 118

12.1 明确勘界的主要目的和任务 …… 118

12.2 勘界中保护区划分相关方的参与方式 …… 119

12.3 明确现场踏勘测绘的重点内容和技术手段 …… 119

12.4 成果质量检查的核心 …… 120

附 录 …… 121

附件 1 保护区勘界报告大纲 …… 122

附件 2 专题要素表达图式和注记（样式） …… 124

附件 3 保护区勘界成果图（样式） …… 126

附件 4 河南省水源地常用河流水系代码表 …… 128

附件 5 勘界数据库质量检查对象与内容 …… 134

参考资料 …… 136

第一部分

《集中式饮用水水源保护区勘界技术规范》

（DB41/T 2528—2023）解读

第一章 概 论

1.1 河南省饮用水水源保护区勘测定界的发展历程

河南省饮用水水源保护区的勘测定界伴随保护区的划分，这个过程大致可划分为以下4个阶段。

（1）文字与示意图阶段

该阶段为城市集中式饮用水水源保护区划定至县级和乡镇集中式饮用水水源保护区划定工作开展前。2007年12月，《河南省人民政府办公厅关于印发河南省城市集中式饮用水源保护区划的通知》（豫政办〔2007〕125号）划定了18个省辖市及20个县级市的113个饮用水水源保护区。该次划分定界主要以《饮用水水源地保护区划分技术规范》（HJ/T 338—2007）①为基本依据，结合遥感地图和现场走访，依据水源保护区的地形、地标、地物特点，确定各级保护区的主要拐点坐标，最终定界各级保护区的界线。

本阶段未开展勘测定界工作，界线仅反映在精度不高的城市示意地图和批复文件上，未利用地理信息技术建立界线数据库。

（2）地理信息技术初步应用定界阶段

该阶段为县级和乡镇集中式饮用水水源保护区划定工作开展后至丹江口水库（河南辖区）饮用水水源保护区勘界工作开展前。2012年8月，河南省人民政府办公厅印发《河南省人民政府办公厅关于开展县级和乡镇集中式饮用水水源保护区划定工作的通知》（豫政办〔2012〕114号），河南省编制了《河南省饮用水水源地保护区划分成果提交要求》《河南省县城和乡镇饮用水水源保护区划分制图要求》等技术要求，利用地理信息技术开

① 现已废止，被《饮用水水源保护区划分技术规范》（HJ 338—2018）替代。

展保护区划分定界工作，建立了县级和乡镇集中式饮用水水源保护区划分成果一张图和数据库，形成了一套较为规范、精度较高的保护区划分图集。2014 年 1 月 7 日，《河南省人民政府办公厅关于印发河南省县级集中式饮用水水源保护区划的通知》（豫政办〔2013〕107 号）印发实施。2014 年 10 月，河南省组织开展丹江口水库（河南辖区）饮用水水源保护区划定工作，地理信息技术再次得到充分应用。2015 年 4 月，《河南省人民政府办公厅关于印发丹江口水库（河南辖区）饮用水水源保护区划的通知》（豫政办〔2015〕43 号）印发实施。2016 年 3 月 4 日，《河南省人民政府办公厅关于印发河南省乡镇集中式饮用水水源保护区划的通知》（豫政办〔2016〕23 号）印发实施。

本阶段未开展现场勘测定界工作，但在划分定界过程中地理信息技术得以初步应用，大幅提高了划分定界的精度和准确度。

（3）现场勘测定界初步规范阶段

该阶段为丹江口水库（河南辖区）饮用水水源保护区勘界工作开展后至本标准实施前。2016 年 10 月，河南省组织开展丹江口水库（河南辖区）饮用水水源保护区勘界工作。2017 年 1 月 6 日，河南省在《河南省人民政府办公厅关于印发河南省水污染防治攻坚战 9 个实施方案的通知》（豫政办〔2017〕5 号）中印发实施了《河南省集中式饮用水水源地环境保护实施方案（2017—2019 年）》，要求 2017 年年底前，各级政府要通过现场勘查和遥感监测，勘定饮用水水源保护区边界走向和实地拐点坐标，核定保护区边界，绘制完成集中式饮用水水源保护区边界矢量图和图集，作为保护区各项管理工作的基础。2017 年 7 月 10 日，为了给各地开展饮用水水源保护区勘界工作提供更好的指导，在总结丹江口水库（河南辖区）饮用水水源保护区勘界工作经验的基础上，河南省编制了《河南省集中式饮用水水源地保护区勘界立标技术指南》，并由河南省环境污染防治攻坚战领导小组办公室以豫环攻坚办〔2017〕185 号文印发实施，对饮用水水源保护区勘界、制图、标识标志设立等技术要求作出了规定。根据《河南省集中式饮用水水源地保护区勘界立标技术指南》的有关要求，各地相继组织开展了保护区勘界工作。2018 年 1 月 31 日，《河南省环境保护厅关于河南省集中式饮用水水源地保护区勘界成果备案工作的通知》（豫环明电〔2018〕17 号）对备案程序和备案材料提出了要求。

本阶段主要依据 2017 年《河南省集中式饮用水水源地保护区勘界立标技术指南》开展现场勘测定界工作，地理信息技术得以充分应用，大幅提高了勘界的精度和准确度。

（4）现场勘测定界进一步规范阶段

2023 年 10 月 31 日，河南省市场监督管理局发布《集中式饮用水水源保护区勘界技术规范》（DB41/T 2528—2023）地方标准，自 2024 年 1 月 29 日起实施，标准为首次发布，为全国第一个饮用水水源保护区勘界标准。该标准规定了集中式饮用水水源保护区勘界的基本要求、准备工作、踏勘与测量、保护区边界标绘、勘界成果编制和质量控制等技术要求，对集中式饮用水水源保护区勘界的工作流程、勘界依据、勘界精度、成果形式等提出了明确要求。

标准实施后，将进一步规范饮用水水源保护区勘界工作，以保障勘界成果质量。

1.2 河南省饮用水水源保护区勘界工作现状

截至 2024 年 1 月，由河南省人民政府批复划定的集中式饮用水水源保护区有 1 376 个，其中特大型 2 个（丹江口水库、南水北调中线总干渠），省辖市级 62 个，县级 161 个，乡镇级 1 151 个，覆盖全省所有县（市、区）。河南省共完成 996 个集中式饮用水水源保护区勘界工作，完成率 72.38%。

1.3 标准编制目的和意义

1.3.1 编制目的

饮用水安全是人民生活的重要保障，精准清晰的保护区边界是开展饮用水水源地规范化建设和环境执法的重要依据，勘界工作是精准定界保护区边界的基础。

通过本标准的制定，摸清河南省集中式饮用水水源保护区勘界现状及存在的问题，对勘界的工作程序、依据、测绘内容、成果提出明确、规范的技术要求，为保护区规范化建设、环境监管和信息化建设提供现实基础，为保障饮用水水源地环境安全提供技术支撑。

1.3.2 编制意义

针对饮用水水源保护区勘界和管理中存在的突出问题，编制《集中式饮用水水源保护区勘界技术规范》（DB41/T 2528—2023）标准的意义主要有以下几个方面：

（1）为国家饮用水水源保护区勘界工作规范化提供了重要技术方法

生态环境部尚未制定统一的保护区勘界相关技术规范或标准，《集中式饮用水水源保护区勘界技术规范》（DB41/T 2528—2023）于 2023 年 10 月 31 日发布，为全国第一个饮用水水源保护区勘界标准，填补了该领域的空白，对于国家层面制定饮用水水源保护区勘界规范具有重要参考意义。

（2）进一步规范保护区勘界工作，有助于提升水源保护区勘界成果质量

《集中式饮用水水源保护区勘界技术规范》（DB41/T 2528—2023）规定了集中式饮用水水源保护区勘界的基本要求、准备工作、踏勘与测量、保护区边界标绘、勘界成果编制和质量控制等技术要求，对集中式饮用水水源保护区勘界的工作流程、勘界依据、勘界精度、成果形式等提出了明确的要求。本标准的发布实施，将有效指导河南省水源保护区勘界工作，有力保障勘界成果质量。

（3）提出了数据库的信息化要求，为水源地信息化监管提供技术支撑

随着水源地信息化管理要求的提高和信息技术的快速发展，信息化的监管手段应用越来越广泛。《河南省“十四五”生态环境保护和生态经济发展规划》提出：“利用大数据、地理信息系统、移动互联网等新型技术，建立饮用水水源地信息化综合监管平台……实现全省饮用水水源地动态、实时管理。”《河南省“十四五”水安全保障和水生态环境保护规划》提出：“加强饮用水水源地环境监管……推动构建全省饮用水水源保护区一张图。”《集中式饮用水水源保护区勘界技术规范》（DB41/T 2528—2023）按照信息化的需求，对勘界数据库作出了统一的信息化的规范要求，为水源地信息化监管提供技术支撑。

第二章　标准制定说明

2.1　任务来源

2021 年 12 月，为进一步规范河南省集中式饮用水水源保护区勘界工作，河南省生态环境厅决定开展《集中式饮用水水源保护区勘界技术规范》的制定工作。

2022 年 8 月，河南省市场监督管理局印发了《关于下达 2022 年河南省地方标准制修订计划的通知》（豫市监函〔2022〕53 号），该通知将《集中式饮用水水源保护区勘界技术规范》列入 2022 年度地方标准制订计划，项目编号为 20221110040。

2.2　标准制定基本原则

1）全过程控制原则。通过对准备工作、现场勘测、勘界成果整理、质量控制等勘界全过程各个工作环节提出规范严格的技术规定，保障勘界成果的规范统一，提高勘界工作质量。

2）实用性原则。在充分调研河南省保护区勘界工作现状的基础上，借鉴国内其他相关行业勘界工作的标准规范和先进经验，提高标准的科学性、实用性和可操作性。

3）前瞻性原则。不仅要考虑勘界工作当前面临的问题，还要考虑未来可能出现的问题，尽量适应未来保护区管理发展的需求和趋势。

2.3　标准制定技术路线

通过对河南省集中式饮用水水源保护区勘界工作的现状调查和文献资料调研，分析勘界内容、过程及成果要求等方面存在的问题。在此基础上，借鉴国内其他相关行业勘界标准规范及先进经验，综合饮用水水源地保护需求、勘界技术方法特点等因素，提出相关标准内容。

标准制定技术路线见图 2.1。

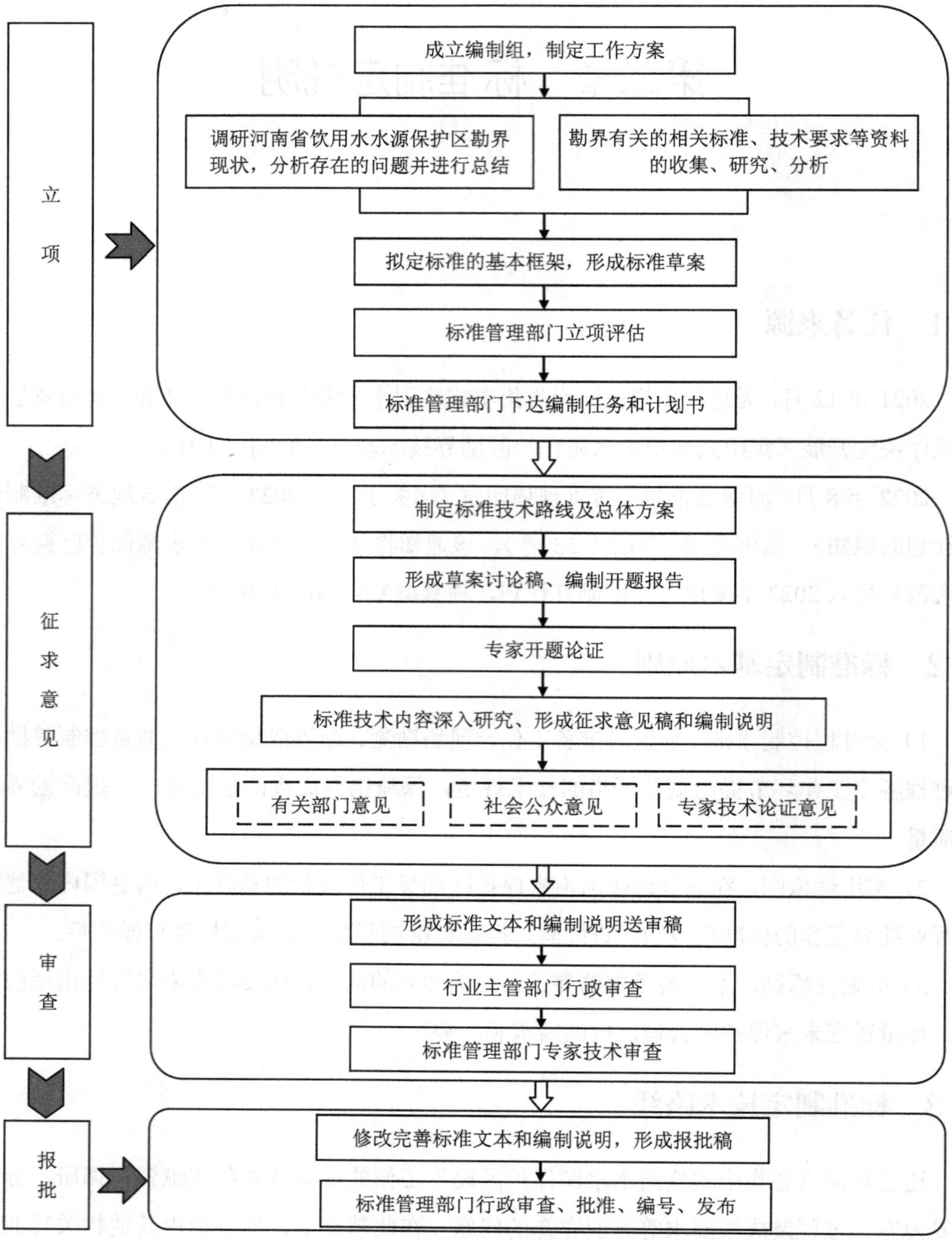

图 2.1 标准制定技术路线

2.4 标准制定主要过程

2.4.1 标准起草

（1）成立编制组

2021 年 11 月，河南省生态环境厅组织河南省生态环境科学研究院、郑州航空工业管理学院、河南京坤环保科技有限公司成立编制组，制定工作方案。

（2）收集资料与调研

2021 年 12 月—2022 年 7 月，编制组开展资料收集工作，通过对国内外与勘界有关的相关标准、技术要求等资料的收集，如自然保护区勘界、生态红线勘界、河南省和其他省份与保护区勘界立标相关的技术文件等，其间赴河南省郑州市花园口黄河水源地、三门峡市黄河后川、长垣市黄河周营、信阳市出山店水库、鹤壁市盘石头水库、商丘市黄河地表水饮用水水源地及各地地下水井群等河流型、水库型、地下水型水源地进行实地调研，初步拟定了标准草案的基本框架内容。

（3）标准草稿起草

2022 年 8 月，河南省市场监督管理局印发的《关于下达 2022 年河南省地方标准制修订计划的通知》（豫市监函〔2022〕53 号）将《集中式饮用水水源保护区勘界技术规范》列入 2022 年度地方标准制订计划，项目编号为 20221110040，编制工作正式启动。

2.4.2 征求意见

2022 年 9 月—2023 年 1 月，编制组经过多次会议研讨，编制完成了《集中式饮用水水源保护区勘界技术规范》（草案工作组讨论稿）及开题报告。2023 年 2 月 16 日，《集中式饮用水水源保护区勘界技术规范》通过河南省地方标准专家开题论证。编制组对标准主要技术内容进一步深入研究，先后多次组织标准编制研讨、咨询，形成了标准文本（征求意见稿）和编制说明。

2023 年 3 月 20 日，河南省生态环境厅在门户网站发布《关于〈集中式饮用水水源保护区勘界技术规范〉公开征求意见的公告》，面向社会公众公开征求意见，同时向省水利厅、省生态环境厅内部各相关处室、各地市生态环境局开展征求意见工作。同时在省市场监督管理局“河南省地方标准公共服务平台”上进行30天的公开征求意见。

2023年6月8日，《集中式饮用水水源保护区勘界技术规范》（征求意见稿）和编制说明通过河南省生态环境厅组织的河南省地方标准技术论证。

2.4.3 标准审查

编制组根据技术论证会专家意见和建议对标准文本和编制说明进一步修改完善，形成了《集中式饮用水水源保护区勘界技术规范》（送审稿）和编制说明。

2023年8月23日，河南省生态环境厅在郑州组织召开了厅长办公会，专题审查《集中式饮用水水源保护区勘界技术规范》（送审稿）和编制说明，会议同意编制组尽快按照标准制（修）订程序报送省市场监督管理局。

2023年9月8日，《集中式饮用水水源保护区勘界技术规范》（送审稿）和编制说明通过河南省市场监督管理局组织的河南省地方标准专家审查会。

2.4.4 上报报批

编制组根据河南省地方标准专家审查会的专家意见和建议对标准文本和编制说明进一步修改完善，形成了《集中式饮用水水源保护区勘界技术规范》（报批稿）和编制说明。

2.4.5 发布实施

2023年10月31日，河南省市场监督管理局发布《集中式饮用水水源保护区勘界技术规范》（DB41/T 2528—2023），自2024年1月29日起实施。

第三章　主要技术内容

3.1　主要内容及章节设置

3.1.1　主要内容

《集中式饮用水水源保护区勘界技术规范》（DB41/T 2528—2023）规定了集中式饮用水水源保护区勘界的基本要求、准备工作、踏勘与测量、保护区边界标绘、勘界成果编制和质量控制等技术要求，对集中式饮用水水源保护区勘界的工作流程、勘界依据、勘界精度、成果形式等提出了明确要求。

3.1.2　章节设置

《集中式饮用水水源保护区勘界技术规范》（DB41/T 2528—2023）由 9 个章节、5 个资料性附录组成，其架构见图 3.1。

9 个章节分别为适用范围、规范性引用文件、术语和定义、基本要求、准备工作、踏勘与测量、保护区边界标绘、勘界成果编制、质量控制。

5 个资料性附录中，附录 A 给出了勘界工作流程图，附录 B 给出了实测点信息记录和成果登记表样式，附录 C 给出了保护区勘界报告大纲，附录 D 给出了保护区勘界成果制图说明，附录 E 给出了保护区勘界数据库。

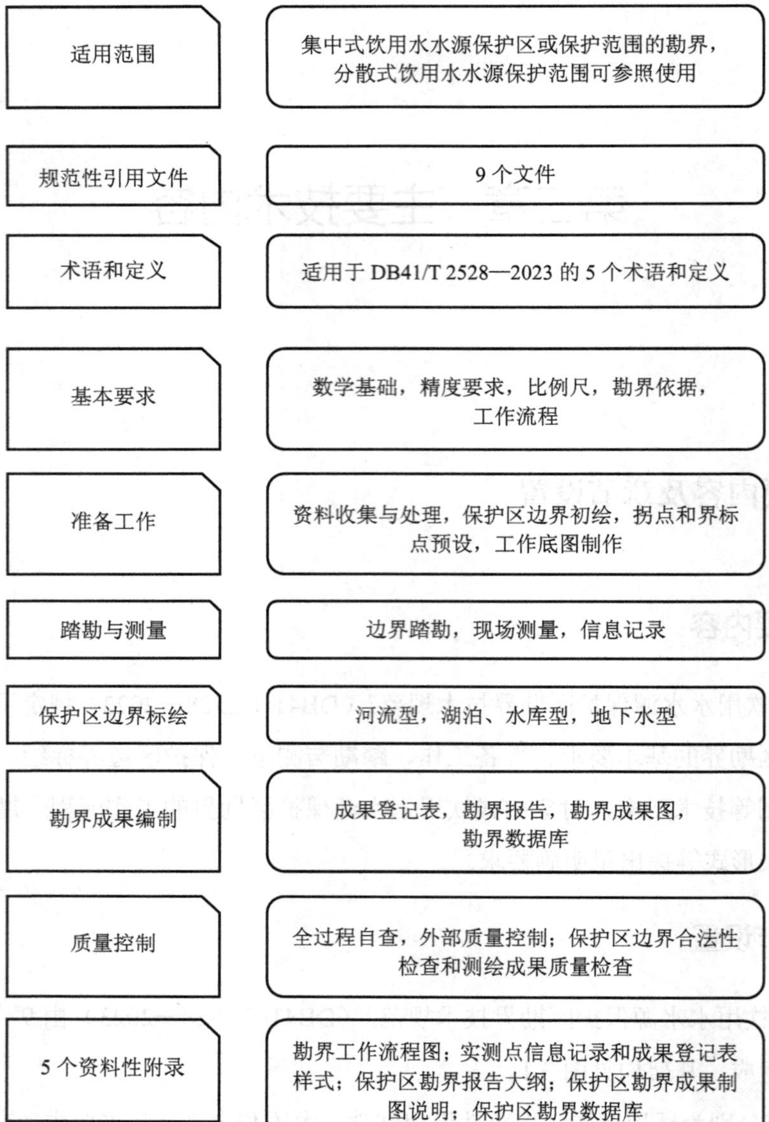

图 3.1 《集中式饮用水水源保护区勘界技术规范》的架构

3.2 适用范围

本标准适用于集中式饮用水水源保护区或保护范围的勘界，分散式饮用水水源保护范围可参照使用。

适用对象：集中式饮用水水源保护区或保护范围，分散式饮用水水源保护范围。

1）按照《中华人民共和国水污染防治法》，省级人民政府批准划定的所有集中式饮用水水源保护区；

2）按照《河南省水污染防治条例》的要求，县级人民政府批准划定的所有乡镇以下集中式饮用水水源保护范围；

3）分散式饮用水水源保护范围。

适用环节：集中式饮用水水源保护区和保护范围的勘界工作，饮用水水源保护区和保护范围的划分和调整阶段的定界，也可参照使用。

2019 年 10 月 1 日施行的《河南省水污染防治条例》第五十五条第二款规定："乡镇以下集中式饮用水水源保护范围，由县级人民政府生态环境、水利等有关部门会同乡镇人民政府组织划定，报县级人民政府批准后实施。"即乡镇以下集中式饮用水水源保护范围（区）审批权限下放，但仍为集中式饮用水水源地，故本标准将饮用水水源保护范围纳入适用范围。

3.3　规范性引用文件

本标准规范性引用文件共有 9 项。下列文件中的内容通过文中的规范性引用而构成本文件必不可少的条款。其中，注日期的引用文件，仅该日期对应的版本适用于本文件；不注日期的引用文件，其最新版本（包括所有的修改单）适用于本文件。

GB/T 13923　基础地理信息要素分类与代码

GB/T 17941　数字测绘成果质量要求

GB/T 18316　数字测绘成果质量检查与验收

GB/T 20258.1—2019　基础地理信息要素数据字典　第 1 部分：1∶500　1∶1 000　1∶2 000 比例尺

GB/T 20258.2—2019　基础地理信息要素数据字典　第 2 部分：1∶5 000　1∶10 000 比例尺

GB/T 24356　测绘成果质量检查与验收

GB/T 39616　卫星导航定位基准站网络实时动态测量（RTK）规范

HJ/T 433　饮用水水源保护区标志技术要求

CJJ/T 8　城市测量规范

3.4　术语和定义

下列术语和定义适用于本标准。

3.4.1　集中式饮用水水源地

进入输水管网送到用户和具有一定取水规模（供水人口一般大于 1 000 人）的在用、备用和规划水源地。依据取水区域不同，集中式饮用水水源地可分为地表水饮用水水源地和地下水饮用水水源地；依据取水口所在水体类型的不同，地表水饮用水水源地可分为河流型饮用水水源地和湖泊、水库型饮用水水源地。

> 采用《饮用水水源保护区划分技术规范》（HJ 338—2018）中的定义。

3.4.2　饮用水水源保护区

指为防止饮用水水源地污染、保证水源水质而划定，并要求加以特殊保护的一定范围的水域和陆域。饮用水水源保护区分为一级保护区和二级保护区，必要时可在保护区外划分准保护区。

> 采用《饮用水水源保护区划分技术规范》（HJ 338—2018）中的定义。

3.4.3　勘界

勘测并确定具有法律作用的饮用水水源保护区边界的过程，包括外业调查测量和内业整理汇总等工作。

> 勘界，2020 年公布的测绘学名词，测定地块或区域的具有法律作用的边界。《自然保护地勘界立标规范》（GB/T 39740—2020）将勘界定义为，勘测并确定具有法律作用的自然保护地边界和分区界线的过程，包括外业调查测量和内业整理汇总等工作。本标准参考《自然保护地勘界立标规范》（GB/T 39740—2020）的定义。

3.4.4　拐点

饮用水水源保护区边界上能确定边界线走向的关键折点。

> 实际上，本标准定义的拐点并非边界上的所有点或者最小直线段的端点，而是在饮用水水源保护区界线上选取的能确定边界线走向的关键折点。例如，某一条具有单一名称的弯曲道路为保护区边界，并非所有转向的折点都作为拐点，而是将该道路的两端端点作为拐点。参考《自然保护地勘界立标规范》（GB/T 39740—2020）的定义。

3.4.5　界标点

饮用水水源保护区边界设立界标（桩）、浮标标识的点位。

> 《饮用水水源保护区标志技术要求》（HJ/T 433—2008）要求在界线的顶点处、人群易见活动处等位置设置饮用水水源保护区界标。

3.5　基本要求

本部分规定了勘界的数学基础、精度要求、比例尺、勘界依据、工作流程等相关内容。

3.5.1　数学基础

1）平面坐标系统采用 2000 国家大地坐标系（CGCS 2000）。

2）高程系统采用 1985 国家高程基准。

3）投影方式采用高斯-克吕格投影。平面坐标与高程单位均为米（m）。

> 按照《国土资源部　国家测绘地理信息局关于加快使用 2000 国家大地坐标系的通知》（国土资发〔2017〕30 号）的要求，2018 年 7 月 1 日后全面使用 2000 国家大地坐标系。本标准规定平面坐标系统采用 2000 国家大地坐标系（CGCS 2000），高程系统采用 1985 国家高程基准，投影方式采用高斯-克吕格投影，考虑可能牵涉跨带，因此对采用何种分带未作出要求。平面坐标与高程单位均为米（m）。

3.5.2 精度要求

1）平面精度：实测点相对邻近控制点的点位中误差不应大于±0.1 m；面积单位为平方米（m^2），保留2位小数。

2）高程精度：实测点相对邻近控制点的高程中误差不应大于±0.2 m。

> 《饮用水水源保护区划分技术规范》（HJ 338—2018）9.2 定界要点及精度要求中规定“定界时，测量精度、记录数据和成果的精度应达到亚米级（误差不大于1 dm）”。故本文件4.2.1精度要求为0.1 m。
>
> 高程精度依据《1∶500 1∶1 000 1∶2 000外业数字测图规程》（GB/T 14912—2017）中的规定提出相关要求。
>
> 考虑到地下水型饮用水水源保护区通常面积较小，因此规定面积单位为平方米（m^2），保留2位小数。

3.5.3 比例尺

底图宜采用比例尺不小于1∶10 000的数字线划图（DLG）或分辨率优于1 m的数字正射影像（DOM）。

> 考虑到现场踏勘测量与后期成图的精度，要求底图宜采用比例尺不小于1∶10 000的数字线划图（DLG）或分辨率优于1 m的数字正射影像（DOM）。

3.5.4 勘界依据

勘界依据为饮用水水源保护区划定（调整）批复文件，必要时可参考技术报告及其相关的附图、附表、矢量数据等资料。

> 在河南省饮用水水源保护区划定（调整）实践中，直接在批复文件中明确保护区范围，并不是针对划定（调整）技术报告的批复，因此将政府批复文件作为首要、最终法定依据，技术报告仅作为参考资料。当批文的范围文字描述不清时，参考技术报告及其附属资料（附图、附表、矢量数据等）；当批文与技术报告不一致时，以批文为最终法定依据。

3.5.5　工作流程

勘界的工作流程主要包括准备工作、踏勘与测量、保护区边界标绘、勘界成果编制等步骤，质量控制贯穿全过程。工作流程见图 3.2。

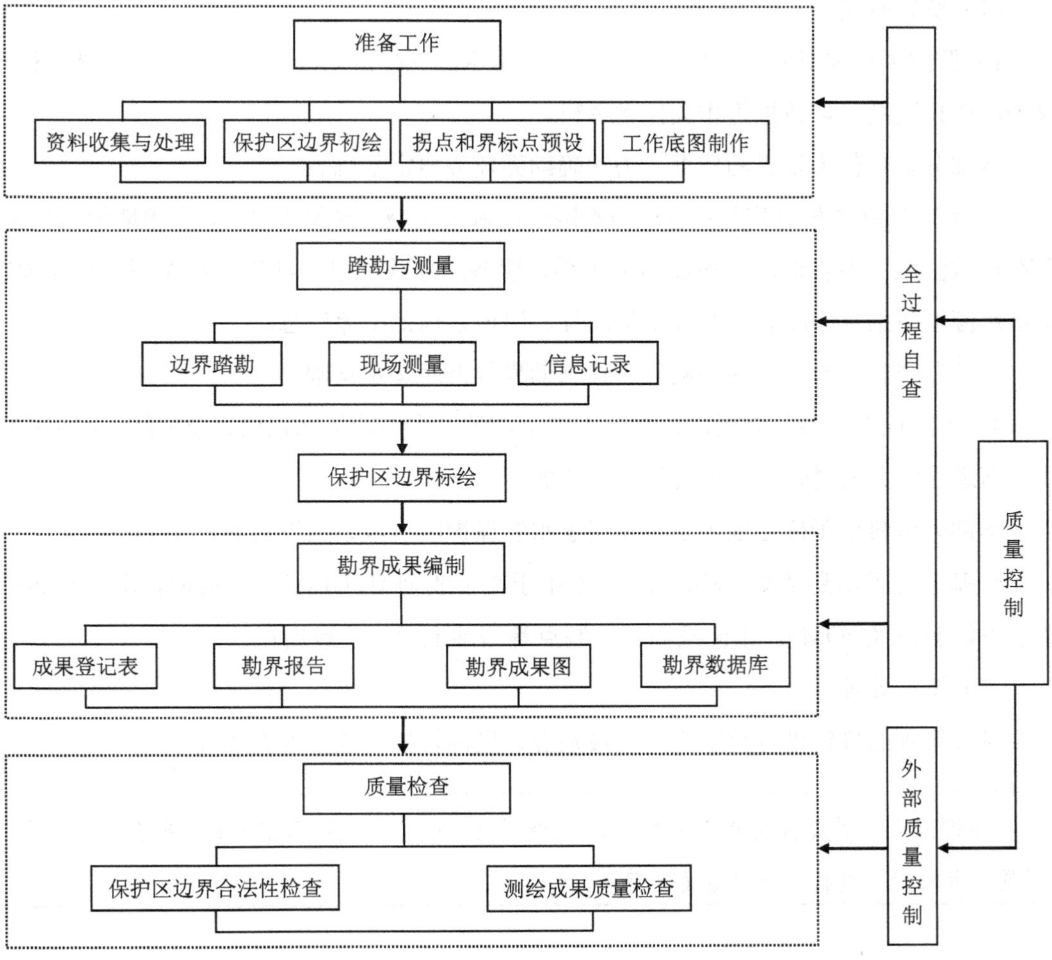

图 3.2　勘界工作流程

3.6 准备工作

3.6.1 资料收集与处理

（1）资料收集

1）保护区相关资料：包括但不限于饮用水水源保护区划分（调整）批复文件、技术报告、成果图及矢量数据等相关技术资料。

本部分资料作为勘界的依据，为明确勘界任务奠定基础。

2）水源地基本信息资料：包括但不限于水源地类型、水源地编码、水源地使用状态、所在行政区域、所在流域、所在河流水系、服务对象等信息，湖泊、水库型和河流型饮用水水源地包括水库库容及对应水位高程、河道管理范围等信息。

本部分资料为开展踏勘与测量、建立勘界数据库奠定基础。

3）水源地专题数据资料：包括但不限于湖泊、水库特征水位线、航道线、河道中泓线、河道岸线、河道管理范围线等矢量数据。

本部分资料用于确定地表水型饮用水水源保护区水域、陆域边界。

4）基础地理信息数据资料：包括但不限于数字线划图（DLG）、数字高程模型（DEM）、数字正射影像（DOM）、平面及高程控制点等基础地理信息数据。

（2）资料处理

对收集到的资料进行数字化、拼接融合、坐标转换、拓扑检查等处理。

本部分规定了资料收集与处理的要求。通过资料收集与处理工作为制作勘界工作底图、开展边界踏勘、进行现场测量奠定基础。

3.6.2 保护区边界初绘

1）基于数字线划图和正射影像数据等，按照批复文件明确的保护区范围，对收集到的保护区边界矢量数据进行校核修正。

2）无饮用水水源保护区边界矢量数据的，按照批复文件明确的保护区范围，基于数字线划图和正射影像数据等，初步绘制保护区边界。

> 本部分规定了保护区边界初步绘制的要求。为后续预设拐点和界标点、制作勘界工作底图、开展踏勘与测量、建立数据库奠定基础。
>
> 主要针对划分阶段有无形成边界矢量数据两种情形来考虑，同时考虑划分阶段的矢量数据可能精度不高。对于收集到保护区边界矢量数据的，应按照保护区批复文件进行初步校核修正；对于未收集到保护区边界矢量数据的，需按照保护区批复文件，基于数字线划图和正射影像数据等初步绘制保护区边界。

3.6.3 拐点和界标点预设

（1）拐点预设及编码

1）根据保护区边界初绘结果，预设拐点位置。

2）拐点编码由 1 位英文字母和 4 位阿拉伯数字构成。第 1 位为保护区级别，用 A、B、C 分别表示一级保护区、二级保护区和准保护区；后 4 位为拐点序号，按一级保护区、二级保护区、准保护区分别编号。

3）单个取水口（井）的保护区，以各级保护区距取水口（井）最近的拐点作为起始点，从 0001 号开始按顺时针方向顺序编码，如 A0001、B0001、C0001 等。

4）多个取水口（井）的保护区，以各级保护区距最北侧取水口（井）最近的拐点作为起始点，从 0001 号开始按顺时针方向顺序编码，如 A0001、B0001、C0001 等。

5）不同级别保护区交界处共用拐点按上一级保护区进行编码，不重复编码。

（2）界标点预设及编码

1）界标点位置按照 HJ/T 433 的规定预设。

2）界标点编码由 2 位英文字母和 3 位阿拉伯数字构成。第 1 位为界标标识码，用 J 表示；第 2 位为保护区级别，用 A、B、C 分别表示一级保护区、二级保护区和准保护区；后 3 位为界标点序号，按一级保护区、二级保护区、准保护区分别编号。

3）单个取水口（井）的保护区，以各级保护区距取水口（井）最近的界标点作为起始点，从 001 号开始按顺时针方向顺序编码，如 JA001、JB001、JC001 等。

4）多个取水口（井）的保护区，以各级保护区距最北侧取水口（井）最近的界标点作为起始点，从 001 号开始按顺时针方向顺序编码，如 JA001、JB001、JC001 等。

5）不同级别保护区交界处共用界标点按上一级保护区进行编码，不重复编码。

本部分规定了拐点和界标点预设及编码的要求。

1）拐点预设及编码部分，规定了拐点编码的长度、构成及编码顺序，明确了特殊情况下的编码方式。

2）界标点预设及编码部分，明确了界标点位置按照《饮用水水源保护区标志技术要求》（HJ/T 433—2008）的规定预设，并规定了界标点编码的长度、构成及编码顺序，明确了特殊情况下的编码方式。

3.6.4 工作底图制作

工作底图内容应包括数字线划图，正射影像，饮用水水源保护区已有界线、拐点、界标点以及其他相关数据。

本部分规定了勘界工作底图应包含的要素内容的要求，应将保护区边界初绘形成的饮用水水源保护区已有界线、预设的拐点和界标点绘制在工作底图中，便于开展现场踏勘与测量。

3.7 踏勘与测量

3.7.1 边界踏勘

1）根据批复文件进行实地踏勘，查验边界走向与批复文件实地一致性。

2）当存在边界争议时，征求相关方意见，并邀请相关方参与实地踏勘。

3）批复文件以地表建（构）筑物、道路、铁路、河流、河渠等为界的，可根据建（构）筑物、道路、铁路、河流、河渠的边线或管理边线进一步明确保护区边界。

4）实地踏勘时，可根据现场情况确定界标点位置。

本部分规定了边界踏勘的要求。

1）对批复文件中的标志性实际地物等进行实地踏勘，并查验边界走向与批复文件实地一致性。

2）实地踏勘过程中发现存在边界争议时，应征求生态环境主管部门或保护区划分有关人员等相关方意见，并邀请其参与实地踏勘并确认边界。组织开展勘界的单位可能不是生态环境主管部门，如果没有原参与保护区划分定界的人员参与其中，可能会对保护区划分结果产生误判导致勘界结果错误。

3）根据前期预设的界标点位置，结合现场踏勘情况，查验预设界标点是否可行，确定最终界标点位置。

3.7.2　现场测量

（1）现场测量主要内容

1）取水口（井）中心点；

2）作为保护区边界或边界参照物的实际地物、等高线；

3）重要拐点；

4）预设界标点；

5）保护区内及周边 100 m 范围的建（构）筑物、油气管线、县道及以上级别道路等各类基础信息。

（2）测量应符合 GB/T 39616、CJJ/T 8 的规定

本部分规定了现场测量的要求。

1）对现场应测量的主要对象作出了规定。

2）明确采用的测量技术方法应符合 GB/T 39616、CJJ/T 8 等有关标准的规定。

3.7.3　信息记录

现场测量实地位置时，应拍摄现场照片或视频，并填写实测点信息记录表。实测点信息记录表样式见表 3.1。

表 3.1　实测点信息记录表（样式）

<table>
<tr><td>水源地名称</td><td colspan="5"></td></tr>
<tr><td>实测点名称</td><td></td><td>实测点类型</td><td colspan="3">□拐点　□界标点　□取水口（井）中心点
□其他____________</td></tr>
<tr><td>所在位置</td><td colspan="5">××市××县（市、区）××乡（镇）××村</td></tr>
<tr><td>坐标系</td><td colspan="2">2000 国家大地坐标系</td><td>高程系统</td><td colspan="2">1985 国家高程基准</td></tr>
<tr><td>中央子午线</td><td>X（m）</td><td>Y（m）</td><td>经度（°）</td><td>纬度（°）</td><td>高程（m）</td></tr>
<tr><td></td><td></td><td></td><td></td><td></td><td></td></tr>
<tr><td>实地照片</td><td colspan="5">彩色近景照片</td></tr>
<tr><td>位置及环境说明</td><td colspan="5">地名（小地名），描述拐点的相对位置及环境，如地形、地貌、地物、植被、道路等</td></tr>
<tr><td>备注</td><td colspan="5">拐点编号、界标点编号及其他需要说明的情况</td></tr>
</table>

本部分规定了现场测量时信息记录的相关要求。

现场实地测量痕迹的留存，对于后续成果查验、质量控制、界标设置设立极为重要，因此要求应拍摄现场照片或视频，并填写实测点信息记录表。非现场实测的点，如后期处理得到的点，不填实测点信息记录表。

3.8　保护区边界标绘

将现场测量的取水口（井）中心点、拐点、界标点、实际地物、等高线及各类基础信息准确地标绘在底图上，对保护区边界初绘结果进行修正，精准确定并绘制保护区边界。

本部分给出了内业处理工作中保护区边界标绘的总体要求。

将取水口（井）中心点、拐点、界标点、实际地物、高程线及各类基础信息现场测量结果，准确地标绘在勘界工作底图上，对保护区边界初绘结果与实地勘测结果进行校核修正，按照批复文件精准确定并绘制保护区边界。

3.8.1　河流型饮用水水源保护区边界标绘

河流型饮用水水源保护区批复文件涉及以下情形的，按照以下要求绘制保护区边界。

1）保护区边界以取水口外扩一定距离的，根据取水口中心点勘测成果在图上作业确定边界；

2）保护区边界以河道岸线、防洪堤等明确的实际地物为边界或外扩一定距离的，根据实际地物勘测成果在图上作业确定边界；

3）保护区边界以河道管理范围线、航道线、中泓线、分水岭和行政界线等为边界或外扩一定距离的，根据相关资料在图上作业确定边界。

> 本部分规定了河流型饮用水水源保护区边界标绘的要求。
>
> 《饮用水水源保护区划分技术规范》（HJ 338—2018）对于河流型饮用水水源地，依据多年平均水位线、河道范围确定保护区范围，在河南省保护区划分定界实践中，河流型水源地多利用河道岸线、防洪堤、航道线、中泓线、分水岭、河道管理范围线、行政界线等进行定界。
>
> 河南省河流型饮用水水源保护区批复文件主要涉及3种情况：a. 以取水口外扩一定距离的；b. 以河道岸线、防洪堤等明确的实际地物为边界或为划定基准线外扩一定距离的；c. 以河道管理范围线、航道线、中泓线、分水岭和行政界线等为边界或为划定基准线外扩一定距离的。

3.8.2　湖泊、水库型饮用水水源保护区边界标绘

湖泊、水库型饮用水水源保护区批复文件涉及以下情形的，按照以下要求绘制保护区边界。

1）保护区边界以取水口外扩一定距离的，根据取水口中心点勘测成果在图上作业确定边界；

2）保护区边界以水库大坝、河道岸线、防洪堤等明确的实际地物为边界或外扩一定距离的，根据实际地物勘测成果在图上作业确定边界；

3）保护区边界以水库管理范围线、分水岭或行政界线等为边界或外扩一定距离的，根据相关资料在图上作业确定边界；

4）保护区边界以多年平均水位线、正常蓄水位线、校核洪水位线等为边界或外扩一定距离的，根据勘测成果和相关资料在图上作业确定边界。

> 本部分规定了湖泊、水库型饮用水水源保护区边界标绘的要求。
>
> 《饮用水水源保护区划分技术规范》（HJ 338—2018）对于湖泊、水库型饮用水水源地，依据多年平均水位线确定保护区范围，在河南省保护区划分定界实践中，水库型水源地多采用正常蓄水位、多年平均水位或校核洪水位作为划分保护区的依据，大多利用水库大坝、河道岸线（河流型水库，入库河流）、防洪堤、水库管理范围线、分水岭、行政界线等进行定界。
>
> 河南省水库型饮用水水源保护区批复文件主要涉及4种情况：a. 以取水口外扩一定距离的；b. 以水库大坝、河道岸线、防洪堤等明确的实际地物为边界或为划定基准线外扩一定距离的；c. 以水库管理范围线、分水岭和行政界线等为边界或为划定基准线外扩一定距离的；d. 以多年平均水位线、正常蓄水位线、校核洪水位线等为边界或为划定基准线外扩一定距离的。由于实际工作中，大多数水库管理部门无法提供上述特征水位高程线矢量数据，故需根据勘测成果和相关资料确定水位高程线，进而确定保护区边界。

3.8.3 地下水型饮用水水源保护区边界标绘

地下水型饮用水水源保护区批复文件涉及以下情形的，按照以下要求绘制保护区边界。

1）保护区边界以取水井或井群外包线外扩一定距离的，根据取水井中心点勘测成果在图上作业确定边界；

2）保护区边界以供水厂边界等明确的实际地物为边界或外扩一定距离的，根据实际地物勘测成果在图上作业确定边界；

3）保护区边界以行政界线等为边界的，根据相关资料在图上作业确定边界。

> 本部分规定了地下水型饮用水水源保护区边界标绘的要求。
>
> 《饮用水水源保护区划分技术规范》（HJ 338—2018）对于地下水型饮用水水源地，依据水井、井群外包线确定保护区范围，在河南省保护区划分定界实践中，地下水型水源地大多利用明确的实际地物、水厂边界、行政界线等进行定界。
>
> 河南省地下水型饮用水水源保护区批复文件主要涉及3种情况：a. 以水井或井群外包线外扩一定距离的；b. 以水厂边界等明确的实际地物为边界或为划定基准线外扩一定距离的；c. 以行政界线等为边界的。

3.9　勘界成果编制

3.9.1　成果登记表

成果登记表包括专题要素实测成果登记表、保护区边界成果登记表。登记表中应明确投影和中央子午线，填写大地坐标、平面坐标及高程等。

专题要素实测成果登记表样式见表 3.2。

表 3.2　专题要素实测成果登记表（样式）

水源地名称：＿＿＿＿＿　投影：＿＿＿＿＿　中央子午线：＿＿＿＿＿　专题要素类型：＿＿＿＿＿

序号	点编号	X/m	Y/m	经度/（°）	纬度/（°）	实测高程/m	备注
1							
2							
3							
4							
5							
6							
……							

填表人：　　　年　月　日　　　　校对人：　　　年　月　日

> 本部分规定了专题要素实测成果登记表的内容及填写要求。
>
> 1）根据实测点信息记录表成果，按照专题要素类型进行分类整理。
>
> 2）专题要素类型包括拐点、界标点、取水口（井）中心点和其他专题要素点等。
>
> 3）平面坐标保留 2 位小数；大地坐标采用十进制度，保留 8 位小数；高程填写正常高数值，保留 2 位小数。
>
> 4）备注项填写要素类型与保护区的关系等需特殊说明的情况。
>
> 5）填表人、校对人须手工签字。

为适应地方环境管理需求，结合河南省丹江口水库勘界立标工作的经验，明确了保护区边界成果登记表的具体要求，保护区边界成果登记表样式见表 3.3。丹江口水库（河南辖区）保护区边界成果登记表（实例）见表 3.4，丹江口水库（河南辖区）饮用水水源保护区划分成果图见本书附图 1。

表 3.3 保护区边界成果登记表（样式）

水源地名称：________ 投影：________ 中央子午线：________

界线编号	界线说明	起点编号	起点 X/m	起点 Y/m	终点编号	终点 X/m	终点 Y/m	保护区级别	备注
1	（××道路）								
2	（××河流）								
3									
4									
5									
6									
7									
8									
……									

填表人： 年 月 日 校对人： 年 月 日

本部分规定了保护区边界成果登记表的内容及填写要求。

1）界线编号，按保护区边界图层中的界线编号填写。

2）界线起点、终点编号，按该条实际线状地物或非实物线的起讫点拐点编号填写。

3）平面坐标保留 2 位小数。

4）保护区级别：一级保护区、二级保护区、准保护区。

5）备注项填写需特殊说明的情况，如某界线为不同级别保护区共用边界。

6）填表人、校对人须手工签字。

3.9.2 勘界报告

勘界报告应说明勘界方法、过程和成果，并编制相应的附图、附表。拐点和界标点数量较少时，拐点和界标点成果登记表宜编入报告，数量较多时宜单独汇编成册。

本部分规定了勘界报告文件的编写要求，并在附录 C 中给出了勘界报告大纲，作为编制勘界报告的参考。本书附件 1 完整给出了勘界报告大纲。勘界报告还应附若干表格，表格内容及样式见表 3.5～表 3.7。

表 3.4　丹江口水库（河南辖区）保护区边界成果登记表（实例）

界线编号	界线说明	起点编号	起点X/m	起点Y/m	终点编号	终点X/m	终点Y/m	保护区级别	备注
1	陶岔渠首大桥	1			2			一级保护区	
2	陶岔渠首引渠右岸道路	2			3			一级保护区	
3	陶岔渠首引渠右岸道路	3			4			一级保护区	
4	移民迁赔线（172 m）	4			5			一级保护区	
5	杨河—柴沟一线	5			6			一级保护区	
6	移民迁赔线（172 m）	6			7			一级保护区	
7	陶岔渠首引渠左岸道路	7			1			一级保护区	
8	分水岭	3			8			二级保护区	
9	分水岭	8			9			二级保护区	
10	分水岭	9			10			二级保护区	
11	省界	10			11			二级保护区	
12	直线连接段	11			12			二级保护区	
13	正常水位线（170 m）	12			13			二级保护区	
14	李沟—水产局半岛前端一线	13			14			二级保护区	
15	正常水位线（170 m）	14			15			二级保护区	
16	前营—唐家岗（道路）	15			16			二级保护区	
17	分水岭	16			1			二级保护区	
18	分水岭	16			17			准保护区	
19	335 省道	17			18			准保护区	
20	分水岭	18			19			准保护区	
21	332 省道	19			20			准保护区	
22	淅河北 50 m	20			21			准保护区	
23	335 省道	21			22			准保护区	
24	丹江大道（灌河一桥）	22			23			准保护区	
25	011 县道	23			24			准保护区	
26	008 县道	24			25			准保护区	
27	003 县道	25			26			准保护区	
28	011 县道	26			27			准保护区	
29	209 国道（丹江桥）	27			28			准保护区	
30	209 国道	28			29			准保护区	
31	省界	29			11			准保护区	

表 3.5 饮用水水源地基础登记表（样式）

县（区）名称	水源地名称	水源地代码	水源地类型	取水口（井）名称	所在乡镇（街道办）	服务对象	所在河流	使用状态	说明
……									

注：1. 县（区）名称，填写取水口（井）所在县（区）名称。
2. 水源地类型，填写河流型、湖泊型、水库型、地下水型。
3. 所在乡镇（街道办），填写取水口（井）所在乡镇（街道办）名称。

表 3.6 保护区边界勘测说明表（样式）

水源地名称	保护区级别	政府批复范围文字描述	勘测结果描述	不一致情况	不一致原因
	一级保护区		（结合地名、自然边界、等高线、距离或拐点号等，将批复文件中描述完整的文字，分成若干小段，逐句对保护区边界勘测成果进行细化描述）		
	二级保护区				
	准保护区				
	……				

注：政府批文中提到的地名都绘制到图中，便于对边界勘测结果文字说明的理解。

表 3.7 保护区面积对比一览表（样式）

水源地名称	保护区级别	区划面积/m^2	实测面积/m^2	备注
	一级保护区			
	二级保护区			
	准保护区			
	保护区总面积			
	……			

3.9.3 勘界成果图

（1）成果图件包含水源地位置图、保护区边界测绘成果图、保护区勘界与区划对比图、界标点分布图等。

（2）图幅大小不宜小于 A3，比例尺不宜小于 1∶10 000，可根据保护区形状、面积等具体情况选定比例尺或采用分幅方式成图，以便于存档与查阅。

（3）勘界成果制图总体说明：

1）图幅配置包含图名、图廓、指北针、比例尺、图例、注记、制图单位、制图日期、图号等内容。

2）图名位于图廓内上方，图名汉字采用黑体，图名文字大小为 18～36 磅。

3）图廓应涵盖保护区的全部范围以及周围关联范围。图廓宽度采用 1 磅大小，颜色为黑色。

4）指北针绘制在图廓内右上角，大小适中，一般可调整大小为 90 磅。

5）比例尺绘制于制图单位上方正中的位置。比例尺采用数字比例尺加绘直线比例尺表示，直线比例尺形式可自定，单位统一采用 m，并置于比例尺后。比例尺数字采用 Times New Roman，数值字号设置为 10～12 磅。

6）图例在图框右侧绘制，“图例”字体选用黑体，字号选用 16 磅。图标文字选用宋体，可根据图例数量调整字号，一般不小于 9 磅。

7）基础地理信息要素参照 GB/T 20257.1—2017 中附录 B 和 GB/T 20257.2—2017 中附录 B 的相关规定进行绘制。专题要素表达图式和注记样式见附件 2。

8）制图单位、制图日期和图号位于图廓内右下角，字体选用黑体，字号选用 12 磅。

9）若采用分幅方式成图，每一张分幅图中均应包含保护区界线，并制作图幅接合表。图名后采用括号加数字表达分幅图名，如保护区边界测绘成果图（1）。

> 本部分规定了成果图件内容及制图要求。
>
> 结合环境管理需求，规定勘界成果图件包含水源地位置图、保护区边界测绘成果图、保护区勘界与区划对比图、界标点分布图等。
>
> 保护区勘界成果图样式见附件 3。

3.9.4　勘界数据库

1）数据库采用文件地理数据库（File Geodatabase）格式。

2）数据库包括基础地理信息要素图层、专题要素图层和元数据图层。

3）基础地理信息要素图层包括行政区划界线、河流水系、水库湖泊、交通道路、航线码头、建（构）筑物等图层，图层命名见表 3.8，各图层属性内容按照 GB/T 13923、

GB/T 20258.1—2019、GB/T 20258.2—2019 的规定填写。

4）专题要素图层包括取水口（井）、供水厂、供水厂厂区、拐点、界标点、保护区边界、保护区等图层，图层命名见表 3.9。

5）专题要素图层属性结构描述见表 3.10～表 3.17。

6）元数据图层属性结构描述见表 3.18。

表 3.8 基础地理信息要素分层名称及各层要素

要素分类	图层名称	图层要素		几何特征	约束条件
水系	HYDA	水系（面）	湖泊、水库、双线的河流和沟渠等	Polygon	C
	HYDL	水系（线）	单线的河流、沟渠、河流结构线等	Line	C
	HFCA	水系附属设施（面）	干出滩、滩涂、危险区、礁石等	Polygon	C
	HFCL	水系附属设施（线）	干出线、潮水沟、高水界、流向、堤、闸、坝等	Line	C
居民地及设施	RESA	居民地（面）	街区、高层建筑区、空地等	Polygon	C
	RFCA	设施（面）	工矿、农业、公共服务等	Polygon	C
	RFCL	设施（线）	工矿、城墙、垣栅等	Line	C
	RFCP	设施（点）	工矿、农业、公共服务、名胜古迹、宗教设施、科学观测站等	Point	C
交通	LRRL	铁路	标准轨铁路、窄轨铁路、地铁、轻轨等	Line	C
	LRDL	公路	国道、省道、县道、乡道、专用公路、其他公路、街道、乡村道路等	Line	C
	LFCL	交通附属设施（线）	车行桥、人行桥、隧道、码头、渡口、航线等	Line	C
	LFCP	交通附属设施（点）	车站、公路标志、助航标志、机场等	Point	C
管线	PIPL	管线（线）	输电线、通信线、油气水输送主管道等	Line	C
境界与政区	BOUA	行政境界（面）	各级行政区	Polygon	C
	BOUL	行政境界（线）	各级境界线	Line	C
地名及注记	AGNP	居民地地名（点）	各级行政地名和城乡居民地名称等	Point	C
	AANP	自然地名（点）	交通要素名、纪念地和古迹名、山名、水系名、海洋地域名、自然地域名、境界标志名等	Point	C

注：1. 字段取值的约束条件分为 M（必选）、C（条件可选）、O（可选），以下同。

2. 本文件所标识的条件可选（C），表示数据内容存在则必选，特殊说明除外。

表 3.9　专题要素分层名称及各层要素

图层名称	图层要素		几何特征	约束条件
QSK	取水口	取水口、取水井	Point	M
GSC	供水厂	供水厂、供水站	Point	C
GSCCQ	供水厂厂区	供水厂（站）厂区	Polygon	C
BHQ	保护区	一级保护区、二级保护区、准保护区	Polygon	M
BHQBJ	保护区边界	一级保护区边界、二级保护区边界、准保护区边界	Line	M
BHQGD	保护区拐点	保护区拐点	Point	M
BHQJBD	保护区界标点	界标（桩）	Point	C
SKTZSWX	水库特征水位线	多年平均水位线、正常蓄水位线、设计洪水位线	Line	C
HDGLFWX	河道管理范围线	河道管理范围线	Line	C
YSJ	元数据	元数据	Point	M

表 3.10　取水口（井）图层属性结构描述表

属性项	描述	类型	长度	约束条件	说明
SYDGLBM	水源地管理编码	Text	10	M	—
SYDMC	水源地名称	Text	200	M	按相关批文批复的正式名称填写
SYDBM	水源地编码	Text	20	M	按照 HJ 747 进行编码
SYDLX	水源地类型	Text	1	M	见表 3.19
SYDZT	水源地使用状态	Text	1	M	见表 3.20
QSKMC	取水口名称	Text	50	M	—
FWDX	服务对象	Text	64	M	—
FWCJDM	服务层级代码	Text	1	M	见表 3.21
BZ	备注	Text	200	O	—

注：水源地管理编码由 10 位阿拉伯数字构成。第 1 位为服务层级代码，见表 3.21；第 2～7 位为取水口（井）实际坐落县（市、区）的行政区划代码，由 GB/T 2260 查取；后 3 位为县（市、区）内的水源地顺序号。以下同。

表 3.11 供水厂、供水厂厂区图层属性结构描述表

属性项	描述	类型	长度	约束条件	说明
SYDGLBM	水源地管理编码	Text	10	M	—
SYDMC	水源地名称	Text	200	M	同前表
SYDBM	水源地编码	Text	20	M	同前表
SYDLX	水源地类型	Text	1	M	同前表
SYDZT	水源地使用状态	Text	1	M	同前表
GSCMC	供水厂名称	Text	50	M	—
FWDX	服务对象	Text	64	M	—
FWCJDM	服务层级代码	Text	1	M	同前表
BZ	备注	Text	200	O	—

表 3.12 保护区图层属性结构描述表

属性项	描述	类型	长度	小数位数	约束条件	说明
SYDGLBM	水源地管理编码	Text	10	—	M	—
SYDMC	水源地名称	Text	200	—	M	同前表
SYDBM	水源地编码	Text	20	—	M	同前表
SYDLX	水源地类型	Text	1	—	M	同前表
BHQJB	保护区级别	Text	1	—	M	见表 3.22
BHQMJ	保护区面积	Double	30	2	M	单位：m^2
SYDZT	水源地使用状态	Text	1	—	M	同前表
FWDX	服务对象	Text	64	—	M	—
FWCJDM	服务层级代码	Text	1	—	M	同前表
SZSXSDM	所在省辖市代码	Text	6	—	M	见注 1
SZSXSMC	所在省辖市名称	Text	30	—	M	—
SZXQDM	所在县（市、区）代码	Text	6	—	M	见注 1
SZXQMC	所在县（市、区）名称	Text	50	—	M	—
SZXZQHDM	所在乡镇区划代码	Text	9	—	M	见注 2
GSXZQDM	供水行政区代码	Text	254	—	M	见注 3
LYMC	流域名称	Text	20	—	M	见注 4

属性项	描述	类型	长度	小数位数	约束条件	说明
SZHLSX	所在河流水系	Text	254	—	M	见注 4
BZ	备注	Text	200	—	O	—

注：1. 所在省辖市、县（市、区）代码是指该取水口（井）实际坐落的行政区代码，采用六位数字型代码，由 GB/T 2260 查取。

2. 所在乡镇区划代码是指该取水口（井）实际坐落的行政区代码，采用九位数字型代码，由 GB/T 2260、GB/T 10114 查取。

3. 供水行政区划代码是指该水源地供水服务对象的行政区代码，采用九位数字型代码，由 GB/T 2260、GB/T 10114 查取，国家级（丹江口水库、南水北调中线）代码填写至省级，省辖市级代码填写至省辖市级，县（市、区）级代码填写至县（市、区）级，乡镇级和农村级填写至乡镇级，不足九位的，后面以 0 补足。涉及多个供水服务对象时，代码之间用“/”分隔。

4. 流域名称、所在河流水系按照水源地所在河流填写，详细至最末级水系。

表 3.13　保护区边界图层属性结构描述表

属性项	描述	类型	长度	小数位数	约束条件	说明
SYDGLBM	水源地管理编码	Text	10	—	M	—
JXBH	界线编号	Text	5	—	M	—
JXSM	界线说明	Text	100	—	M	—
JXQDBH	界线起点编号	Text	16	—	M	—
JXZDBH	界线终点编号	Text	16	—	M	—
JXCD	界线长度	Double	30	3	M	单位：m
SYDMC	水源地名称	Text	200	—	M	同前表
SYDBM	水源地编码	Text	20	—	M	同前表
SYDLX	水源地类型	Text	1	—	M	同前表
BHQJB	保护区级别	Text	1	—	M	同前表
BZ	备注	Text	200	—	O	—

表 3.14　保护区拐点图层属性结构描述表

属性项	描述	类型	长度	小数位数	约束条件	说明
SYDGLBM	水源地管理编码	Text	10	—	M	—
GDBH	拐点编号	Text	5	—	M	—
LONG	经度	Double	30	8	M	单位：(°)
LAT	纬度	Double	30	8	M	单位：(°)
SYDMC	水源地名称	Text	200	—	M	同前表
SYDBM	水源地编码	Text	20	—	M	同前表

属性项	描述	类型	长度	小数位数	约束条件	说明
SYDLX	水源地类型	Text	1	—	M	同前表
BHQJB	保护区级别	Text	1	—	M	同前表
BZ	备注	Text	200	—	O	—

表 3.15 保护区界标点图层属性结构描述表

属性项	描述	类型	长度	小数位数	约束条件	说明
SYDGLBM	水源地管理编码	Text	10	—	M	—
JBDBH	界标点编号	Text	5	—	M	—
JBDLXMC	界标点类型名称	Text	20	—	M	—
LONG	经度	Double	30	8	M	单位：(°)
LAT	纬度	Double	30	8	M	单位：(°)
SYDMC	水源地名称	Text	200	—	M	同前表
SYDBM	水源地编码	Text	20	—	M	同前表
SYDLX	水源地类型	Text	1	—	M	同前表
BHQJB	保护区级别	Text	1	—	M	同前表
BZ	备注	Text	200	—	O	—

注：界标点类型名称，按照界标点对应类型（界标、界桩、浮标等）和保护区级别填写。

表 3.16 水库特征水位线图层属性结构描述表

属性项	描述	类型	长度	小数位数	约束条件	说明
SKMC	水库名称	Text	50	—	M	—
SKDJ	水库等级	Text	20	—	M	—
SKZKR_WLF	总库容	Double	30	3	M	单位：$10^4 m^3$
SKXLKR_WLF	兴利库容	Double	30	3	M	单位：$10^4 m^3$
SKSKR_WLF	死库容	Double	30	3	M	单位：$10^4 m^3$
SWXGC	水位线高程	Double	14	2	M	单位：m
SWXLXDM	水位线类型代码	Text	1	—	M	见表 3.23
BZ	备注	Text	200	—	O	—

表 3.17 河道管理范围线图层属性结构描述表

属性项	描述	类型	长度	约束条件	说明
SXMC	水系名称	Text	50	M	见注
SXDM	水系代码	Text	8	C	见注
GLFWXMC	管理范围线名称	Text	20	C	—
BZ	备注	Text	200	O	—

注：水系名称、水系代码按照水源地所在河流填写。

表 3.18 元数据属性结构描述表

属性项	描述	类型	长度	约束条件
Project name	项目名称	Text	100	M
PCS	平面坐标系	Text	200	M
Projection	投影	Text	20	M
HD	高程基准	Text	20	M
DM	分带方式	Text	8	M
CML	中心子午线	Text	3	M
DGD	数据生产日期	Date	8	M
DPU	数据生产单位	Text	50	M
CPDPU	数据生产单位联系人	Text	10	M
CMDPU	数据生产单位联系电话	Text	11	M
DMU	数据管理单位	Text	50	M
CPDMU	数据管理单位联系人	Text	10	M
CMDMU	数据管理单位联系电话	Text	11	M
BZ	备注	Text	200	O

部分专题图层数据采用的数据代码见表 3.19～表 3.23。

表 3.19 水源地类型代码信息表

代码值	描述
G	地下水型
S	河流型
L	湖泊型
R	水库型

表 3.20　水源地使用状态代码信息表

代码值	描述
0	已取消
1	在用
2	备用
3	在建
4	规划
5	停用

表 3.21　服务层级代码信息表

代码值	描述
1	服务对象为多个省辖市或涉及其他省辖市
2	服务对象为省辖市
3	服务对象为县（市、区）
4	服务对象为乡（镇、街道办）
5	服务对象为农村

表 3.22　保护区级别代码信息表

代码值	描述
1	一级保护区
2	二级保护区
3	准保护区

表 3.23　水库特征水位线类型代码信息表

代码值	描述
1	多年平均水位线
2	正常蓄水位线
3	设计洪水位线
4	校核洪水位线

> 本部分规定了饮用水水源保护区数据库格式、要素图层构成及命名、图层属性结构和填写要求。
>
> 1）水源地的所在行政区划名称代码的确定方法如下:
>
> ①水源地管理编码、所在省辖市代码、所在省辖市名称、所在县（市、区）代码、所在县（市、区）名称、所在乡镇区划代码，均按照《集中式饮用水水源编码规范》（HJ 747—2015）的规定予以确定：河流型、湖泊型、水库型的饮用水水源地，依据最先建成且启用的取水口所在行政区地址确定；地下水型水源地，依据井群中心所在行政区地址确定。
>
> ②特殊情况的处理。跨市或跨省的水源地，如安阳市岳城水库、新乡市黄河七里营、商丘市黄河，为便于实际管理，可按照本地蓄水池或沉砂池取水所在行政区地址确定行政区划名称和代码。
>
> 2）所在河流水系名称和编码按照附件 4 查取。
>
> 3）为便于勘界成果质量追溯，提出元数据的填写要求。
>
> 4）为便于未来的信息化管理，部分专题图层数据规定采用统一的数据代码。

3.10 质量控制

（1）勘界单位按照 GB/T 24356、GB/T 17941 和 GB/T 18316 的规定对勘界工作进行全过程自查、外部质量控制。

（2）勘界工作完成后，对完整成果资料进行质量检查。质量检查内容包括保护区边界合法性检查和测绘成果质量检查。

（3）保护区边界合法性检查内容包括保护区边界与批复文件一致性。

（4）测绘成果质量检查内容包括：

1）数据格式和属性数据规范性；

2）数据库完整性、逻辑一致性、空间拓扑正确性；

3）成果图的完整性和规范性；

4）勘界报告与成果登记表的完整性和规范性。

本部分规定了质量控制的要求。遵循全过程控制的原则，规定了勘界全过程自查、外部质量控制的要求。

1）保护区边界合法性检查内容包括保护区边界与批复文件一致性。通过现场复勘、室内对照检查等方式，对取水口（井）中心点位置，重要拐点，作为参照的实际地物，对保护区边界成果登记表中的边界分段逐一进行检查，核实上述内容与批复文件的描述是否实地一致。

2）与 3.7.1 边界踏勘中邀请生态环境主管部门或保护区划分有关人员等相关方参与实地踏勘并征求意见一样，保护区边界合法性检查也应尽可能征求生态环境主管部门或保护区划分有关人员的意见，否则可能会无法确保保护区边界与批复文件一致。

3）勘界数据库的检查内容主要包括数据库完整性、逻辑一致性、空间拓扑正确性，具体检查内容见附件 5。

第二部分

饮用水水源保护区勘界典型实例

第四章　水库型水源地——丹江口水库

4.1　水源地基本情况

丹江口水库，位于汉江中上游，分布于湖北省丹江口市和河南省南阳市淅川县，水域横跨鄂、豫两省，是国家南水北调中线工程水源地。丹江口水库于 1973 年建成，由汉江库区和丹江库区组成。丹江口水库多年平均入库水量为 394.8 亿 m^3，水源主要来自汉江及其支流丹江。2012 年丹江口大坝加高后，丹江口水库总库容达 339.1 亿 m^3，水库面积 1 050 km^2，其中汉库部分 530 km^2，丹库部分 520 km^2，被誉为“亚洲天池”。

丹江口水库在河南境内汇水区域包括南阳市的西峡县、淅川县、内乡县、邓州市，三门峡市的卢氏县和洛阳市的栾川县。汇水区域位于东经 110°47′～111°50′、北纬 32°34′～34°0′，西邻陕西省，南接湖北省，北边为卢氏县、栾川县，东边与内乡县、邓州市接壤。汇水区域的主要河流有丹江、老灌河、淇河、滔河等。

南水北调中线一期陶岔渠首工程位于丹江口库区东侧河南省淅川县九重乡陶岔村，距淅川县城约 80 km，距河南省邓州市约 30 km。原陶岔渠首闸于 20 世纪 70 年代建成，易址新建南水北调中线一期陶岔渠首工程位于原渠首工程下游约 80 m 处。

4.2　保护区划分情况

按照《中华人民共和国水污染防治法》（2008 年修订版）的规定，跨省、自治区、直辖市的饮用水水源保护区，由有关省、自治区、直辖市人民政府商有关流域管理机构划定。丹江口水库横跨鄂、豫两省，根据国家有关部门的要求，湖北省与河南省各自开展本辖区的饮用水水源保护区划分工作，并商水利部长江水利委员会。

根据《河南省人民政府办公厅关于转发河南省辖丹江口库区及上游水污染防治和水土保持“十二五”规划实施方案的通知》（豫政办〔2013〕73 号）和国务院南水北调办与河南省政府签订的《丹江口库区及上游水污染防治和水土保持“十二五”规划实施工作目标责任书》的要求，河南省环境保护厅会同省水利厅、国土资源厅、住房城乡建设厅、卫生厅等部门开展河南省境内饮用水水源保护区划定工作。

2015 年 4 月，《河南省人民政府办公厅关于印发丹江口水库（河南辖区）饮用水水源保护区划的通知》（豫政办〔2015〕43 号）印发实施，划定了丹江口水库（河南辖区）饮用水水源保护区，保护区范围为：

（1）一级保护区范围

水域范围，陶岔取水口至上游中线距离 10 km（杨河—柴沟一线）之间正常水位线（170 m）以下的区域。陆域范围，一级保护区水域范围外至陶岔取水口引渠两侧道路—移民迁赔线（172 m）以下的区域。

（2）二级保护区范围

水域范围，一级保护区外至上游中线距离 10 km（李沟—水产局半岛前端一线）正常水位线（170 m）以下的区域。陆域范围，一级保护区边界—正常水位线（170 m）以上东至分水岭、西至省界、南至省界—分水岭、北至前营—唐家岗的区域。

（3）准保护区范围

水域范围，二级保护区外正常水位线（170 m）以下的全部水域及丹江、老灌河分别上溯至丹江桥、灌河一桥的水域。陆域范围，准保护区水域范围外东至 335 省道—淅河北 50 m—332 省道—分水岭—335 省道—分水岭、西至省界、北至 209 国道—011 县道—003 县道—008 县道—011 县道—丹江大道的汇水区域。

4.3 勘界实施过程

本次勘界受河南省环境保护厅委托，河南省环境保护科学研究院组织第三方测绘单位开展丹江口水库（河南辖区）饮用水水源保护区勘测定界工作。

4.3.1 资料收集

河南省环境保护科学研究院作为丹江口水库（河南辖区）饮用水水源保护区划分工

作的承担单位（以下简称保护区划分单位），将划分工作形成的报告、图件、表格、矢量数据均移交给第三方测绘单位。

第三方测绘单位根据指导收集遥感影像、民政部门 1∶50 000 地形图数据、河流水系地理信息数据等。

4.3.2 勘测任务分析

保护区划分单位与第三方测绘单位充分讨论，对丹江口水库（河南辖区）饮用水水源保护区范围进行详细分析，将保护区边界拆分为若干边界分段，以明确现场勘测内容。

（1）保护区边界拆解

水域范围与陆域范围之间的分界线，一般不是保护区的边界线，故在保护区边界拆解时，不考虑保护区内的水域、陆域分界线，将批复文件中描述的实际地物与拐点结合起来，对丹江口水库（河南辖区）饮用水水源保护区边界进行拆分，详见表 4.1。

表 4.1 丹江口水库（河南辖区）饮用水水源保护区边界拆分表

保护区级别	政府批复保护区范围	边界分段	两端拐点
一级保护区	水域范围，陶岔取水口至上游中线距离 10 km（杨河—柴沟一线）之间正常水位线（170 m）以下的区域。陆域范围，一级保护区水域范围外至陶岔取水口引渠两侧道路—移民迁赔线（172 m）以下的区域	陶岔渠首大桥左岸至右岸	1、2 号拐点
		陶岔渠首引渠右岸道路	右岸 2、3 号拐点
		陶岔渠首引渠右岸道路	右岸 3、4 号拐点
		移民迁赔线（172 m）	右岸 4、5 号拐点
		杨河—柴沟一线	5、6 号拐点
		移民迁赔线（172 m）	左岸 6、7 号拐点
		陶岔渠首引渠左岸道路	左岸 1、7 号拐点
二级保护区	水域范围，一级保护区外至上游中线距离 10 km（李沟—水产局半岛前端一线）正常水位线（170 m）以下的区域。陆域范围，一级保护区边界—正常水位线（170 m）以上东至分水岭、西至省界、南至省界—分水岭、北至前营—唐家岗的区域	分水岭	右岸 3、8 号拐点
		分水岭	右岸 8、9 号拐点
		分水岭	右岸 9、10 号拐点
		省界	10、11 号拐点
		直线连接段	11、12 号拐点
		正常水位线（170 m）	12、13 号拐点
		李沟—水产局半岛前端一线	13、14 号拐点
		正常水位线（170 m）	14、15 号拐点
		前营—唐家岗（道路）	15、16 号拐点
		分水岭	16、1 号拐点

保护区级别	政府批复保护区范围	边界分段	两端拐点
准保护区	水域范围，二级保护区外正常水位线（170 m）以下的全部水域及丹江、老灌河分别上溯至丹江桥、灌河一桥的水域。陆域范围，准保护区水域范围外东至335省道—淅河北 50 m—332 省道—分水岭—335 省道—分水岭、西至省界、北至209 国道—011 县道—003 县道—008 县道—011 县道—丹江大道的汇水区域	分水岭	16、17 号拐点
		335 省道	17、18 号拐点
		分水岭	18、19 号拐点
		332 省道	19、20 号拐点
		淅河北 50 m	20、21 号拐点
		335 省道	21、22 号拐点
		丹江大道（灌河一桥）	22、23 号拐点
		011 县道	23、24 号拐点
		008 县道	24、25 号拐点
		003 县道	25、26 号拐点
		011 县道	26、27 号拐点
		209 国道（丹江桥）	27、28 号拐点
		209 国道	28、29 号拐点
		省界	29、11 号拐点

（2）测绘内容分析

根据表 4.1 对丹江口水库（河南辖区）饮用水水源保护区边界的拆分情况，对测绘内容进行分析，保护区边界可分为实际地物、实际地物外推、地形地貌、行政区划境界线、虚拟不可见线段等 5 类，详见表 4.2、表 4.3。

表 4.2　丹江口水库（河南辖区）饮用水水源保护区边界属性分析表

保护区级别	边界分段	边界属性
一级保护区	陶岔渠首大桥左岸至右岸	实际地物
	陶岔渠首引渠右岸道路	实际地物
	陶岔渠首引渠右岸道路	实际地物
	移民迁赔线（172 m）	地形地貌
	杨河—柴沟一线	虚拟不可见线段
	移民迁赔线（172 m）	地形地貌
	陶岔渠首引渠左岸道路	实际地物
二级保护区	分水岭	地形地貌
	分水岭	地形地貌
	分水岭	地形地貌
	省界	行政区划境界线
	直线连接段	虚拟不可见线段

保护区级别	边界分段	边界属性
二级保护区	正常水位线（170 m）	地形地貌
	李沟—水产局半岛前端一线	虚拟不可见线段
	正常水位线（170 m）	地形地貌
	前营—唐家岗（道路）	实际地物
	分水岭	地形地貌
准保护区	分水岭	地形地貌
	335 省道	实际地物
	分水岭	地形地貌
	332 省道	实际地物
	淅河北 50 m	实际地物外推
	335 省道	实际地物
	丹江大道（灌河一桥）	实际地物
	011 县道	实际地物
	008 县道	实际地物
	003 县道	实际地物
	011 县道	实际地物
	209 国道（丹江桥）	实际地物
	209 国道	实际地物
	省界	行政区划境界线

表 4.3　丹江口水库（河南辖区）饮用水水源保护区测绘内容分析表

边界属性	表现形式	现场可测绘内容
实际地物	道路、建筑物	实际地物的起讫点或其他辅助点
实际地物外推	河流外××米	作为基准线的实际地物的起讫点或其他辅助点
地形地貌	水位线、等高线、分水岭	已知点的高程，如高程控制点、水位线标记点
行政区划境界线	行政区划境界线	界碑
虚拟不可见	两点连线	拐点测量定位

4.3.3　工作组织

为确保丹江口水库（河南辖区）饮用水水源保护区勘界工作顺利实施，设立 4 个工作组，勘界工作组织架构见图 4.1，各组分工负责勘界工作的组织协调、技术指导、勘测定界、后勤保障等工作。

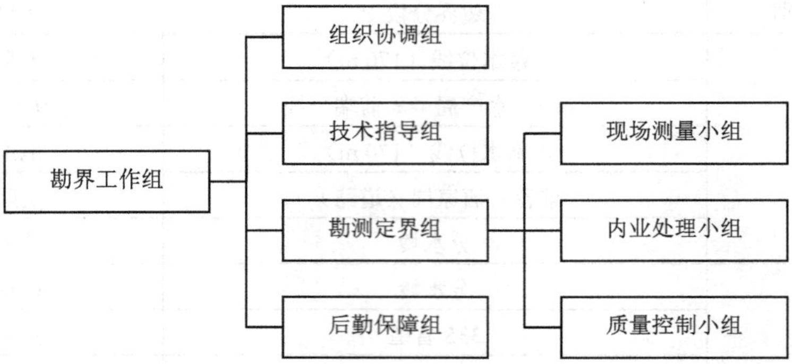

图 4.1 丹江口水库饮用水水源保护区勘界工作组织架构

组织协调组：设在河南省环境保护厅污染防治处，负责落实勘界工作经费，协调南阳市环境保护局、淅川县环境保护局、邓州市环境保护局做好现场测绘配合工作。

技术指导组：设在河南省环境保护科学研究院，负责确定测绘任务、技术指导，负责勘界成果的质量审定。

勘测定界组：设在第三方测绘单位，现场测量小组负责保护区现场测量，内业处理小组负责内业数据处理与制图，质量控制小组负责勘测定界工作的整体质量控制与检查。

后勤保障组：设在淅川县环境保护局，负责车辆保障、人员食宿、物品采购和日常保障等工作，协调解决具体工作中遇到的问题和困难。

4.3.4 测绘实施技术路线

1）制订工作计划，确定实施方案和行走路线方案。

2）实地踏勘，控制测量。选定空间分布合理的控制点和其他实测点，并进行现场测量；使用带有基准站和移动站的 RTK 设备进行测量，测量时需连接河南省测绘地理信息局通过移动通信网络提供的 HENANCORS 卫星增强地面站信号服务，能够提供 GPS、GLONASS、北斗等三星卫星实时差分信号的增强地面站，RTK 设备接入 HENANCORS 后，可以得到极高精度的浮点坐标位置，若测区无手机通信网络，则需通过架设基准站电台的方式，不断放样测量目标区域控制点的方式，得到测量结果，测量的结果可以满足 1∶1 000 左右地形图的制作需要。

3）内业数据处理。根据控制点和其他实测点测量结果及已有的大比例尺电子地图数据对 0.5 m 高精度分辨率遥感影像进行校正，提取有关地物线；同时对 15 m DEM 进行高程拟合、空间插值、汇水区空间分析等处理，得到测区等高线和分水岭等矢量数据；根据遥感影像、分水岭、等高线、有关地物线等绘制保护区边界。

4）成果质量的检查验收与评定。按照有关的规定要求，对全部测绘成果、资料进行全面的质量检查，对有关精度、质量作出客观评价。

5）编写报告、技术总结。

4.3.5 外业测绘

（1）测量任务

根据勘测内容分析结果，前期初步选定 29 个实测点。

外业测绘步骤为：

1）技术指导组带领整个队伍到达指定地点，现场反复确认拟实施的测量点位；

2）由现场测量组定点采集坐标，拍照并填表记录；

3）若该点选定为界标设立点，则由后勤保障组设立临时标记桩或喷涂相应标记，便于后续设立正式的界标。

（2）实施过程

外业测量工作于 2016 年 11 月 11 日开始，计划完成 27 个拐点的测量工作，在实施过程中共完成 32 个点的测量，2016 年 11 月 14 日结束外业测量工作。

1）2016 年 11 月 11 日测量 011 县道与 008 县道交叉点、008 县道与 003 县道交叉点；

2）2016 年 11 月 12 日测量丹江大道与 011 县道交叉点、省道 S335 与丹江大道交叉点、淅河北 50 m 线与省道 S335 交叉点、省道 S332 与淅河北 50 m 线交叉点、分水岭与省道 S332 交叉点、011 县道与 209 国道交叉点、209 国道与省界交叉点、209 国道与 011 县道交叉点、003 县道与 011 县道交叉点、分水岭与省道 S332 交叉点、省道 S335 与分水岭交叉点、分水岭与省道 S335 交叉点、172 m 迁赔线与柴沟村西半岛顶端交叉点、东营村南北道路与分水岭交叉点、韩营村西北小路交叉点；

3）2016 年 11 月 13 日测量渠首右岸道路与分水岭交叉点、渠首右岸道路与 172 m 迁赔线交叉点、渠首大桥与渠首左岸道路交叉点、172 m 迁赔线与渠首左岸道路交叉点、172 m 迁赔线与杨河村西半岛顶端交叉点、李沟村村东半岛顶端（170 m 水位线上）、何庄村村北道路与省界交叉点；

4）2016 年 11 月 14 日整理数据，测量高程坐标，保证制订计划的全部标准点坐标均被采集到，并且确保有效，以免遗漏。

（3）外业测量成果

略。

4.3.6 内业处理

内业处理步骤为：

1）根据外业测绘完成的 32 个实测点测量结果，对 0.5 m 高精度分辨率遥感影像进行校正，提取有关地物线；

2）对 15 m DEM 进行高程拟合、空间插值、汇水区空间分析等处理，得到测区等高线和分水岭等矢量数据；

3）以校正后的遥感影像为基准，参考收集到的 1∶50 000 地形图数据，结合提取的分水岭、等高线、有关地物线等绘制保护区边界；

4）根据绘制出的保护区边界，提取拐点坐标；

5）编制勘界成果图件和勘界报告。

4.3.7 勘界成果清单

本次勘界工作形成的成果如下：

1）丹江口水库（河南辖区）饮用水水源保护区 1∶1 000 比例尺保护区范围数据库；

2）测区范围 29 个拐点坐标表；

3）测区范围 0.5 m 高分辨率影像和全图框范围 2 m 遥感影像；

4）丹江口水库（河南辖区）饮用水水源保护区勘界成果图；

5）丹江口水库（河南辖区）饮用水水源保护区测绘及制图项目成果报告。

4.4 成果质量控制与检查

4.4.1 质量控制措施

根据项目设计书的要求，质量控制严格按照 ISO 9001 国际质量认证体系要求运行，在产品实现过程中，一是要求使用的仪器均在合格有效期内，并定期对仪器进行检校，保证使用仪器的完好率。二是检查人员认真学习项目技术设计书及相关规定，检查过程中能正确监督、运用和指导。三是做好项目前期质量控制，坚持关口前移。四是作业期间自始至终要有技术负责人参加现场指导，检查作业人员是否严格按照技术设计书、图式、规范要求作业，并对上交的成果质量随时随地进行抽查，及时解决生产中出现的技术问题和质量问题。

项目成果按工序实行二级检查、一级验收制度。各项作业成果在100%自查、互查的基础上，进行科室、公司级检查，并认真填写检查记录，做好质量评定工作，最后一级验收由技术指导组组织实施。

4.4.2 检查内容

项目成果的检查内容包括：

（1）外业检查

按拟定的路线将每个拍照留下的图像与实际测绘坐标进行对比。全图巡视表示的地物、道路有无遗漏，对各类地物的判定与表示是否正确，居民地、企事业单位的位置改正是否正确，新增道路、街道名称、测绘控制点方位是否正确，各要素的相关位置是否正确。

1）相对精度检查：采用经过纠正后的高清卫星地图为基础，测算现有外业测绘成果相对位置的正确性，选择具有典型特点的若干个控制点进行检查，同时调取现场拍摄照片，分析现场地貌及所在卫星地图的位置。

2）绝对精度检查：采用 CORS、GPS-RTK 配合全站仪采集外业数据，检查地物点和注记点的绝对精度，采集不少于 25 个控制数据，经展点后将已成图的 DLG 线划图叠加套合后，在计算机上逐点量算点位误差，然后统计每幅图的成图精度，再将每幅图绝对精度汇总统计，得到整个测区的绝对成图精度。

（2）内业成果检查

检查内容包括：

1）基础数据来源检查：主要检查行政区域界线、水系、基础地理信息等数据集的准确性和精度，遥感影像数据光谱波段及分辨率情况，各类成果精度符合要求；

2）遥感影像成果检查：检查数字线划图与影像地图的叠加情况，同时检查遥感影像的纠正控制点的分布情况，确保每 5 km×5 km 具有 29 个控制点以上，采用样条函数进行地理配准，形成新的遥感图；

3）饮用水水源地专题要素的检查：主要检查外业控制点分布情况，以及结合现场照片和遥感影像，检查河流、分水岭、等高线等专题要素的绘制精确度、检查水源地保护区范围控制点与插值点的绘制情况，查看插值点分布，插值点与遥感影像叠加情况等。

4.4.3 检查标准和依据

检查标准和依据：

1）《全球定位系统（GPS）测量规范》（GB/T 18314—2009）

2）《城市测量规范》（CJJ/T 8—2011）

3）《卫星定位城市测量技术规程》（CJJ 73—2010）

4）《国家基本比例尺地形图分幅和编号》（GB/T 13989—92）

5）《国家基本比例尺地形图更新规范》（GB/T 14268—2008）

6）《航空摄影技术设计规范》（GB/T 19294—2003）

7）《基础地理信息要素分类与代码》（GB/T 13923—2006）

8）《基础地理信息要素数据字典　第 1 部分：1∶500、1∶1 000、1∶2 000 基础地理信息要素数据字典》（GB/T 20258.1—2007）

9）《数字城市地理信息公共平台地名/地址编码规则》（GB/T 23705—2009）

10）《地理空间数据交换格式》（GB/T 17798—2007）

11）《基础地理信息数字产品元数据》（CH/T 1007—2001）

12）《基础地理信息标准数据基本规定》（GB 21139—2007）

13）《数字地形图产品基本要求》（GB/T 17278—2009）

14）《数字测绘成果质量要求》（GB/T 17941—2008）

15）《数字测绘成果质量检查与验收》（GB/T 18316—2008）

16）《测绘成果质量检查与验收》（GB/T 24356—2009）

17）《全球定位系统实时动态测量（RTK）技术规程》（CH/T 2009—2010）

18）项目专业技术设计书

4.5 作者点评

该水源地为大型水库型水源地，地形复杂。保护区批复范围包含实际地物、地形地貌、行政区划境界线、虚拟不可见线段等多种类型界线。

该次保护区勘界工作由保护区划分技术单位组织第三方测绘单位开展，较好地保障了勘界成果与划分批复文件的一致性。

该次勘界工作中形成的工作组织形式、勘界流程、保护区主要拐点与主要界线列表、外业测绘实施的经验和做法，对形成《河南省集中式饮用水水源地保护区勘界立标技术指南》、《集中式饮用水水源保护区勘界技术规范》（DB41/T 2528—2023）地方标准，起到了关键的支撑作用。

第五章　水库型水源地——出山店水库

5.1　水源地基本情况

出山店水库是淮河干流上的大型防洪控制工程，位于河南省信阳市内，水库坝址在京广铁路以西 14 km 的出山店村附近，距信阳市中心城区约 15 km，控制流域面积 2 900 km^2，设计库容 12.51 亿 m^3，是历次淮河流域规划中列为淮干上游的唯一一项防洪控制工程。水库的任务以防洪为主，结合供水、灌溉、兼顾发电等综合利用。水库灌区灌溉面积 50.6 万亩①，年供水 8 000 万 m^3，河道基流 3.55 m^3/s（汛期 4—8 月 7.0 m^3/s）。水库主坝设计洪水标准采用 1 000 年一遇，相应洪水位为 95.78 m，校核洪水标准土坝段采用 10 000 年一遇，相应洪水位为 98.12 m。

出山店水库集中式饮用水水源地现有 2 个取水口，南灌溉洞取水口位于水库大坝南段水电站右前方，任务为引水灌溉淮河以南 25 万亩耕地和向信阳市城市供水，设计流量为 20.76 m^3/s，加大流量为 24.91 m^3/s。北灌溉洞取水口位于水库大坝北段引水渠中，进水口底部高程为 81.5 m，主要任务为引水灌溉淮河以北 5 万亩耕地和向明港镇供水，设计流量为 6.78 m^3/s，加大流量为 8.14 m^3/s。

5.2　保护区划分情况

2022 年 9 月，《河南省人民政府关于划定调整取消部分集中式饮用水水源保护区的通知》（豫政文〔2022〕194 号）划定了出山店水库饮用水水源保护区，保护区范围为：

① 1 亩=1/15 hm^2。

（1）一级保护区范围

水库大坝至上游 1 000 m、水库水位高程 88.5 m 以内的区域及以外 200 m 东至 1 号副坝—主防洪堤坝—2 号副坝—3 号副坝—4 号副坝的区域。

（2）二级保护区范围

一级保护区外至水库大坝上游 3 000 m、水库水位高程 88.5 m 以内的区域及以外 3 000 m，北至石桥圩区堤坝—石桥新村东村道—环库路—“村村通”道路（李寨组—小刘庄组—翟寨新村）—环库路—分水岭，南至分水岭—国道 312—分水岭—宁西铁路—铁路维修车间道路—国道 312—王湾组道路的区域。

（3）准保护区范围

除二级保护区外，南至分水岭—栗园组至乡道 004 的村道—乡道 004—四水同治引水渠桥—李畈圩区堤坝—姜堰下圩区堤坝—乡道 005—国道 312，西至新集圩区堤坝 1.7 km 处—邓楼圩区堤坝 1.8 km 处—周庙组至环库路的村道—环库路，北至环库路—平昌关大桥—平昌关圩区堤坝—胡寨大桥—灌塘西圩区堤坝—灌塘中桥—灌塘东圩区堤坝—环库路—县道 036—乡道 338，东至沪陕高速—“村村通”道路（徐洼村到翟寨新村）的区域。

5.3　勘界实施过程

本次勘界由信阳市出山店水库生态建设服务中心组织原保护区划分单位开展了保护区勘测定界工作，实际测绘工作在保护区划分阶段即已经同步开展。

5.3.1　勘界流程

本次饮用水水源保护区勘测定界，按照《河南省集中式饮用水水源地保护区勘界立标技术指南》的要求，制定了技术路线，具体流程见图 5.1。

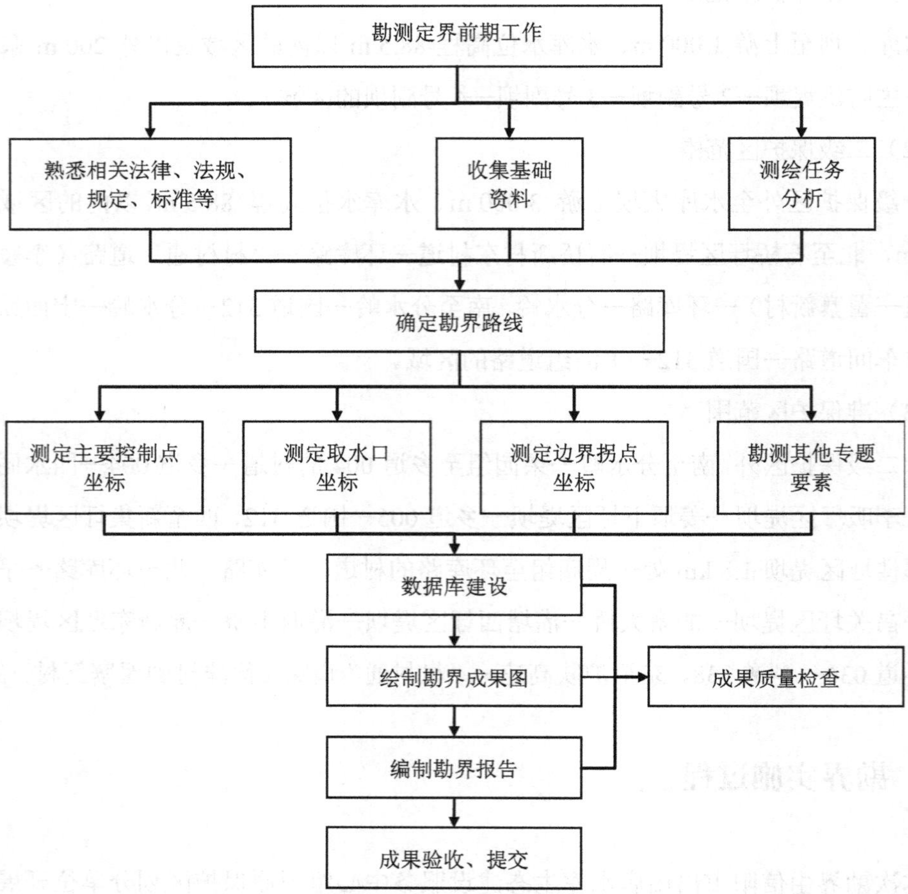

图 5.1　出山店水库饮用水水源保护区勘界技术路线

5.3.2　资料收集

1）《河南省人民政府关于划定调整取消部分集中式饮用水水源保护区的通知》（豫政文〔2022〕194 号）；

2）《出山店水库集中式饮用水水源地保护区划分技术报告》；

3）出山店水库 5 年一遇洪水位线（88.5 m）；

4）出山店水库集中式饮用水水源地保护区划分矢量数据；

5）出山店水库饮用水源保护区划分成果图；

6）出山店水库遥感影像、DEM 数据。

5.3.3　工作组织

（1）人员组织

项目组由项目经理、技术负责人、外业负责人、内业负责人、质量检测员等组成，项目组织结构图如图 5.2 所示。

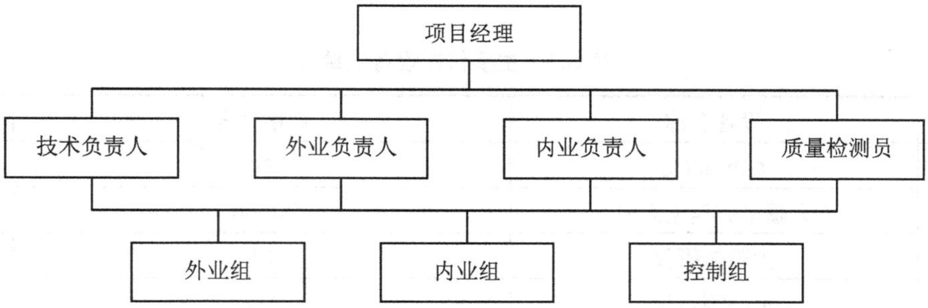

图 5.2　项目组织结构

在充分考虑质量和工期要求的基础上，结合本项目工作内容复杂、专业性强、覆盖面大的特点，实行项目经理制。按实际工作流程，共投入人员 17 人，其中管理人员 2 人（项目经理 1 人、技术负责人 1 人），生产人员 15 人（包括外业测量 8 人、内业制图 4 人、质检 3 人）。

岗位职责分配如下：

1）项目经理是该项目的主要管理人员，对项目全面负责，协同技术负责人、内外业负责人、质量检查员及作业人员对该项目的进度、质量、安全等方面的工作进行把控、负责。并与业主沟通和交流、解决施工中的各种情况，人数为 1 人。

2）技术负责人是该项目中的主要技术管理人员，主要负责技术设计书、技术总结等的编写，并解决项目过程中出现的技术问题，在技术上给予作业人员全面指导，人数为 1 人。

3）质量检查员是负责项目质量的管理人员，其严格执行“三级检查、两级验收”制度，明晰各级人员的质量责任与权利，制定本项目质量管理的相关规定，奖优罚劣，确保提交的产品质量达到优秀级，人数为 2 人。

4）内、外业负责人主要负责本项目内外业生产，根据工期的要求和实际情况的需求，制定合理的工作方案，并组织方案的实施，根据工作进度进行人员、仪器的调配，人数为 2 人。

5）作业人员根据施工方案，按时完成分配的工作，严格按照规范和技术设计书进行作业，首先对自己的作业质量进行自检，确保无误后，再交质量质检员进行检查。

（2）仪器设备

本项目共投入GPS-RTK、手持测距仪、计算机、作业车、绘图仪、打印机、ArcGIS软件、GPS-RTK测量软件等软硬件设备。

表 5.1 主要仪器设备清单

序号	设备名称	规格型号	数量
1	GPS-RTK	S9	4
2	大疆多旋翼无人机	M300	1
3	大疆航摄仪	P1	
4	手持测距仪	D5	4
5	计算机	HPDESKTOP	15
6	作业车	—	4
7	绘图仪	HPT795	1
8	打印机	HPCC20E1	1
9	大疆智图	3.6.8	
10	ArcGIS 软件	ArcGIS10.2	15
11	GPS-RTK 测量软件	SurPad For Android V4.0	4

5.3.4 测绘实施技术方法

5.3.4.1 控制测量

采用千寻CORS站技术手段测量控制点，要求采用三脚架固定天线圆盘，水平气泡严格居中整平，对中误差≤3 mm，测量前设置RTK采集精度限差平面≤3 cm，高程限差≤5 cm，以RTK控制点测量模式进行施测，每个控制点测3个测回，每个测回10个历元，测回间仪器必须进行初始化，让GNSS接收机重新搜星并锁定卫星，保留控制点测量报告。

数据采集时，仪器高一定要量取准确，并选取正确的仪器高量取方法（杆高、斜高、侧片高）。因为仪器高直接影响椭球高的测量值，对随后的参数转换文件（.COT）中，“高程精度”的计算会产生直接的影响。

对中精度和数据采集时仪器的稳定性，影响参数转换文件（.COT）中的“水平精度”，所以要求使用三脚架架设仪器。

每天测量前，应检测前一天的一个点，并留下记录。

5.3.4.2　无人机航空摄影测量

结合不同机场各自条件以及摄区具体情况，决定采用大疆 M300 无人机作为飞行平台，该机型飞行稳定、巡航速度快，作业效率高，适合本项目飞行。无人机起飞场地要求空地，故本项目起飞场地选为适当空地。

（1）像控点测量要求

像控点依据《数字航空摄影控制测量规范》布设，优先选用 CORS 技术进行像控点平面及高程测量；采用 RTK 方法进行像控点测量时，应满足下列要求：

1）坐标转换参数可直接应用测区 GNSS 网约束平差的计算成果，也可在测区的周边和中部均匀选择 4 个以上重合点求定转换参数；当测区面积较大需要分区求解坐标转换参数时，相邻分区公共重合点不应少于 2 点。

2）基准站网点的设立应符合《全球导航卫星系统连续运行参考站网建设规范》（CH/T 2008）的要求；用电台进行数据传输时，基准站宜选择在测区相对较高的位置；用移动通信进行数据传输时，基准站应选择在测区有移动通信接收信号的位置；选择无线电台通信方法时，应按约定的工作频率进行数据链设置；基准站应设置与随机软件对应的仪器类型、电台类型、电台频率、天线类型、数据端口、蓝牙端口等；应设置基准站坐标、数据单位、尺度因子、投影参数和接收机天线高等参数。

3）RTK 流动站测量应符合以下规定：网络 RTK 的流动站应获得系统服务的授权，并在有效服务区域内，保持与服务控制中心的数据通信畅通；用数据采集器设置流动站的坐标系统转换参数，设置与基准站的通信；不宜在隐蔽地带，成片水域或强光电子干扰源附近测量；观测前应对仪器进行初始化，并得到固定解，当长时间不能获得固定解时，宜断开通信链路，再次进行初始化操作；各次观测之间流动站应重新初始化；作业过程中，如出现卫星信号失锁，应重新初始化，并经重合点测量检测合格后，方能继续作业；每次作业开始前或重新架设基站后，均应进行至少一个同等级或高等级已知点的检测，其平面坐标允许较差为 7 cm；外业采集的数据应及时进行备份和内外业检测。

（2）准备工作要求

主要准备工作包括飞行时间及飞行场地的选择、飞机组装、激光雷达安装、相机安装、地面基站的架设、航线规划等。

飞行时应选择天气晴朗、能见度高、风力小于 3 级的天气条件下进行，无人机起降场地应选择在开阔、周围无高大建筑遮挡、视场内障碍物的高度角不大于 20°、没有高压塔、信号塔，没有大片水域的地方，方便无人机的起降以及 GPS 信号的获取。

（3）航线布设与分区要求

依据《低空数字航空摄影规范》及项目要求确定基准面高程，并按照规范要求进行航摄分区的划分和航线布设。

1）摄区划分。分区界线应与图廓线相一致；分区内地形高差不应大于 1/6 相对航高；在能够确保航线的直线性前提下，分区应尽量划大；当地面高差突变或有特殊要求时，分区界线可以破图廓划分。

2）摄影时间。摄影时天气情况要求良好，确保有足够的光照度，摄影时太阳高度角应大于 40°，阴影不大于 1 倍。10:00—15:00 为摄影时间最佳选择。一般根据摄区的太阳高度角和阴影倍数选定。

3）航摄范围覆盖。摄区边界覆盖保证：航向覆盖超出摄区边界线应不少于 2 条基线，旁向覆盖超出摄区边界一般不少于像幅的 50%，最少不小于像幅的 35%。

4）航线敷设和划分时，应根据 IMU 误差累积的指标明确每条航线的直线飞行时间。

5）飞行高度的确定应综合考虑点云密度和精度要求、激光有效距离及飞行安全要求，同时应考虑激光对人眼的安全性要求。

6）在满足成果数据的技术要求和精度要求的前提下，在同一分区内各航线可以采用不同的相对航高。

7）航线一般应按照东西或者南北直线飞行，项目执行时可以按照飞行区域的面积、形状，并考虑到安全性和经济性等实际情况选择飞行方向。

（4）飞行参数设置要求

相对航高：根据现场实际地形，相对航高为 350 m；

像片重叠率：航向 70%，旁向 55%；

像片地面分辨率：0.1 m。

（5）飞行实施要求

1）飞行前准备。飞机停机位四周视野开阔，视场内障碍物的高度角应不大于 20°，避免 GPS 信号接收失锁；机载设备在起飞前进行加电检测，在起飞前 5 min 开机，落地后 5 min 关机；所有基站应在飞行前进入观测状态，完成电源、存储系统等的检查，做好观测准备；所有基站在测量过程中应连续测量。

2）检校飞行。检校飞行应满足卫星数量大于 10 颗，高度角大于 15°，并应选择较好的观测时段，位置精度衰减因子（PDOP）值小于 4；多架次飞行后，可以根据数据质量情况进行重新检校；在一条航线内航高变化不应超过相对航高的 5%～10%；实际航高变化不应超过设计航高的 5%～10%。

3）飞行速度。整个作业区域内，飞行速度（巡航速度为 100 km/h）应尽可能保持一致；在一条航线内，飞机上升、下降速率不大于 10 m/s；飞行速度应根据机载激光雷达在不同航高和不同激光光线强度等情况下的标称精度要求、项目精度要求、地形起伏情况、激光频率、系统的最大瞬时视场角（IFOV），以及载体的性能等参数确定。

4）补飞与重飞。出现下列问题时，需要进行补飞和重飞：

①POS 系统局部数据记录缺失；

②根据各个设备评价指标检查有不满足要求的情况；

③原始数据质量存在局部缺陷而影响影像的精度。

补飞或重飞航线的两端一般应超出补飞范围外半幅图，超出部分不小于 500 m，且不大于 2 000 m，并应满足与原航线的旁向和航向重叠要求。

5）其他注意事项。为确保设备安全，应待飞机启动、电压稳定后，方可通电使用相关设备；飞行过程中应及时观察系统工作情况，根据实际情况及时处理出现的问题，重点观察下列现象：

①POS 系统信号状况；

②回波接收状况；

③数据质量状况；

④实时天气状况。

飞机降落停稳后，应等候 5 min，保证 IMU 与 GPS 数据记录完整。

5.3.4.3 水文分析

水文分析通过建立地表水流模型，研究与地表水流相关的各种自然现象。ArcGIS 水文分析工具可以实现地表水流径流模型的水流方向的提取、汇流累积量、水流长度的计算、河流网络生成及流域分割等。

本例中利用 ArcGIS 中的水文分析模块，利用收集获取及无人机航测得到的 DEM 高程模型数据，进行河流网格提取和流域划分，得到保护区边界需要的水库汇水区域和分水岭。

5.3.5 外业测绘

本次勘测定界外业测量工作共分 4 个小组，每组 2 人按照《河南省集中式饮用水水源地保护区勘界立标技术指南》的要求，对《河南省人民政府关于划定调整取消部分集中式饮用水水源保护区的通知》（豫政文〔2022〕194 号）中的保护区边界、保护区内及外围 100 m 建筑、县级及以上道路等基础地理信息进行测量。

1）组织测量人员分析整理批复文件以及划分技术报告中保护区范围的描述、保护区拐点以及保护区划分成果图。

2）依据保护区划分批复文件、划分技术报告、保护区划分成果图集及附件集等相关技术资料，测定主要控制点、边界拐点、取水口等位置地理坐标。

3）对一级保护区的边界走向进行测量并对测量数据进行整理记录（如防洪主坝、副坝、环库路以及水陆域分界点等）。

4）对二级保护区的边界走向进行测量并对测量数据进行整理记录（如宁西线铁路、G312 国道、石桥村圩区堤坝、环库路等）。

5）对准保护区的边界走向进行测量并对测量数据进行整理记录（如李畈圩区堤坝、姜堰上圩区堤坝、姜堰下圩区堤坝、沙河特大桥、环库路等）。

6）对保护区外 100 m 范围内的区域进行调查，包括建筑物、各类型排污口、通向保护区的道路路口、X040 县道、Y338 乡道、沪陕高速等。

5.3.6 内业处理

5.3.6.1 资料处理

1）对水库 5 年一遇洪水位线（88.5 m）数据格式及坐标进行转换，由 1980 西安坐标系转换为 CGCS 2000 国家大地坐标系，由 DWG 格式转换为 ArcGIS Shapefile 格式。

2）结合保护区划分批复文件、保护区划定矢量数据进行初步分析，确定保护区勘测路线和主要拐点等。

5.3.6.2 无人机数据处理

（1）DEM 制作

采集特征点线，自动匹配后编辑生成单模型 DEM，经接边、镶嵌与裁切后得到满足要求的数字高程模型。

利用影像数据，基于多基线、多重匹配特征等高精度算法进行自动影像匹配，生成 DSM，然后利用晕渲模式人工交互编辑去除房屋、树木等地物特征，从而获取 DEM 并进行检查，最后输出 DEM 数据。

相邻数字高程模型应做接边处理，接边后不应出现裂缝现象，重叠部分的高程值应一致，DEM 经接边检查后，当同名点接边差在限差以内时，取平均值并以此替代同名点的高程值；如果高程较差超过两倍中误差，需要重新编辑处理。接边后数据应连续，接边的 DEM 格网不应出现错位现象，相邻图幅重叠范围内同一格网点的高程值应一致。

（2）DOM 制作

对航空影像进行数字微分纠正生成单模型（DOM），然后进行匀光、镶嵌、裁切，得到数字正射影像图成果。

1）数码航空影像应影像清晰，片与片之间影像尽量保持色调均匀、反差适中，当色彩不一致时应做色彩调整。图面上不得有图像处理所留下的缺陷，在屏幕上具有良好的目视效果。经过镶嵌的数字正射影像拼接处不允许出现影像裂痕或模糊的现象，不应出现色彩反差大、地物纹理错位的情况，其镶嵌边处不应有明显的色调改变。相邻模型正射影像应接边，接边误差不应大于本设计书的规定，地物影像、纹理和色彩均应接边，接边后不应出现影像缝隙或影像模糊现象。

2）利用 DEM 数据，采用全数字摄影测量系统中的模型恢复模块，利用数字微分纠正制作数字正射影像图，输出符合要求的数字正射影像图。纠正范围选取像片的中心部分，同时保证像片之间有足够的重叠区域进行镶嵌。平地、丘陵地可隔片纠正，山地及密集居民区需逐片纠正。检查数字正射影像的影像质量，对影像模糊、错位、扭曲、变形、漏洞等问题及现象，应进行处理。

（3）DEM 数据的处理

处理 DEM 数据主要是借助 ArcGIS 软件中水文分析工具获取水库区域的汇水范围。

1）水文分析。水文分析的步骤主要包括填充洼地（得到无洼地的 DEM）、水流方向分析、计算流水累积量、提取河流网络以及流域分析等 5 个环节。

2）山脊线提取。本次采用水文分析工具提取水库区域的山脊线。

3）表面分析。表面分析是为了获得原始数据中暗含的空间特征信息，如等值线、坡度、坡向、山体阴影等。ArcGIS 表面分析的主要功能有从表面获取坡度和坡向信息、创建等值线、分析表面的可视性、从表面计算山体的阴影、确定坡面线的高度等。

等值线就是将表面上相邻的等值点连接起来的线。本次主要借助表面分析工具提取水库区域的等值线（此处等值线为表示高程的等高线）。

结合水库区域等高线图、山脊线图及其他测量数据进行分析，最终绘制水库区域的汇水区域范围。

5.3.6.3 外业测绘数据的处理

（1）数学基础

坐标系统：采用 2000 国家大地坐标系（CGCS 2000）、高斯-克吕格投影、3°分带。

高程基准：采用 1985 国家高程基准。

（2）坐标点等数据的处理

测量的坐标数据主要包括取水口、水厂、保护区拐点、圩堤、排污口、居民区等，通过内业整理，将其转换成 ArcGIS 软件可以加载的数据格式（shapefile 格式），然后在数据库中进行矢量化。

5.3.6.4 勘界数据库建立

（1）数学基础

坐标系统：采用 2000 国家大地坐标系（CGCS 2000）、高斯-克吕格投影、3°分带。

高程基准：采用 1985 国家高程基准。

数据格式：采用 ArcGIS Geodatabase 格式。

（2）要素图层

勘界成果数据库采用分层的方法进行组织管理。数据库包括基础地理信息要素图层和专题要素图层，基础地理信息要素图层包括行政区划界线、河流水系、水库湖泊、交通道路、建筑物等图层，专题要素图层包括保护区、保护区界线、水厂、各类型排污口、水源地取水水质监测点位、界标点位等图层。

基础地理信息要素图层名称参照《数字地形图产品基本要求》（GB/T 17278）的相关要求进行命名，属性表内容按《基础地理信息要素数据字典》（GB/T 20258）的相关要求建立；专题要素图层名称及属性表内容按照《河南省集中式饮用水水源地保护区勘界立标技术指南》的要求进行建立。

5.3.6.5 勘界成果图编制

图件包括水源保护区勘界成果图，命名按照《河南省集中式饮用水水源地保护区勘界立标技术指南》的要求进行编辑。

5.3.6.6 勘界报告编制

报告主要包括项目概况、外业勘测、内业整理、勘测定界成果清单、质量检查报告及附件、附图等部分。附件包括测绘资质证明、外业测量点的成果图片、技术审查意见、水源保护区划定批复文件等，附图包括保护区勘界成果图。

5.3.7 勘界成果清单

（1）保护区勘界成果图

成果图图面辅助图表包括地理位置图、保护区面积表、拐点坐标表等。

（2）保护区勘界数据库成果

数据库成果主要包括测量控制点、取水口、水厂、保护区、一级保护区界线、二级保护区界线、准保护区界线、保护区拐点、排污口要素图层及属性信息。

（3）保护区勘界报告

报告主要包括项目概况、外业勘测、内业整理、勘测定界成果清单、质量检查报告等内容，此外还包含保护区划定政府批复文件、技术审查意见等附件。

5.4 成果质量控制与检查

5.4.1 质量控制措施

对项目生产过程实行“二级检查、一级验收”制度，在自查互校基础上进行过程检查和最终检查，最后由质量管理部实行内部验收。验收合格后上交甲方验收。

（1）利用资料和使用仪器设备检查

1）检查利用资料的正确性、合理性、时效性。

2）检查使用仪器设备的检定合格证书是否在合格的有效期内。

（2）外业质量控制措施

1）由经验丰富的专业技术骨干任外业小组组长，及时协调并解决出现的有关技术及质量问题。

2）组织作业人员对水源地现场踏勘，熟悉水源地情况，学习并严格按照有关规范和规定作业。

3）开始工作前，对所使用的仪器进行全面检验与检定。

4）根据有关规范和规定，组织作业，由质量负责人负责质检人员的管理。

（3）内业质量控制措施

1）组织作业人员进行质量培训，学习相关技术规范，以保证数据成果符合质量要求。

2）积极与外业人员对接踏勘数据，对外业工作人员提交的各种数据进行检查，确保数据无误。

3）作业人员定期对数据进行组内互检，检查中出现的问题要及时改正。

4）作业人员在项目进行过程中遇到质量问题或质量隐患时，要及时向主管领导进行报告，严禁自作主张，私自处置。

（4）成果质量控制措施

1）由熟悉 ArcGIS 的作业人员进行内业数据库建设和勘界成果图编辑成图。

2）严格按照《河南省集中式饮用水水源地保护区勘界立标技术指南》要求编制水源地保护区勘界报告。

3）根据《河南省集中式饮用水水源地保护区勘界立标技术指南》的相关技术要求，对地理数据库、技术报告等进行检查并修改完善。

5.4.2 检查内容

1）取水口坐标成果：保护区取水口位置是否与批复文件一致。

2）保护区界线成果：保护区边界是否与批复文件一致。

3）数据库成果：数据格式正确性、完整性检查和按入库标准的检查。区域基础地理信息是否准确，面积量算是否正确。

4）成果图：成果图制作是否规范。

5）勘界技术报告：勘界技术报告是否与相关技术指南的要求一致。

5.4.3 检查标准和依据

《全球定位系统（GPS）测量规范》（GB/T 18314—2009）；

《全球定位系统实时动态测量（RTK）技术规范》（CH/T 2009—2010）；

《国家基本比例尺地图图式》（GB/T 20257—2017）；

《图形标志使用原则与要求》（GB/T 15566—2007）；

《中华人民共和国行政区划代码》（GB/T 2260—2007）；

《基础地理信息要素分类与代码》（GB/T 13923—2006）；

《数字地形图产品基本要求》（GB/T 17278—2009）；

《测绘成果质量检查与验收》（GB/T 24356—2017）；

《数字测绘成果质量要求》（GB/T 17941—2008）；

《饮用水水源保护区标志技术要求》（HJ/T 433—2008）；

《集中式饮用水水源地规范化建设环境保护技术要求》（HJ 733—2015）；

《道路交通标志和标线》（GB 5768—2009）；

《测绘成果质量检查与验收要求》（GB/T 24356）；

《河南省集中式饮用水水源地保护区勘界立标技术指南》。

5.4.4 质量检查方法

检查方法主要包括内业成果检查、电子数据检查以及技术设计书、检查报告、技术报告等的检查。

检查方式主要采用程序自动检查、人机交互检查和绘出图件目视检查等。

根据检查的不同阶段，进行过程检查和最终检查，检查形成检查报告，各类检查报告均须包含检查中发现的问题及其处理意见。这些问题和意见必须及时反馈给项目部并彻底整改。

5.4.5 质量检查报告

5.4.5.1 外业测量成果质量检查

本次勘界外业数据采用 GPS-RTK 的方式进行采集，观测方法采用 GPS 连接 CORS 网的方式，数据采集平滑 10 次取平均值，天线高度为固定杆高 1.8 m，数据采集时间为

1 min，卫星高度角大于 15°，有效观测卫星颗数为 24 颗。成果符合《测绘成果质量检查与验收》（GB/T 24356）中 GPS 测量成果质量的要求。

5.4.5.2 数据库质量检查

数据库检查内容主要包括地理信息数据要素和专题要素的检查。

（1）地理信息数据要素的检查

包含空间参考系、位置精度、属性精度、完整性、逻辑一致性、表征质量、附件质量等。

1）空间参考系检查包括大地基准、高程基准、地图投影等，采用人工检查的方法。

2）位置精度中，平面精度和高程精度采用查看原始数据的方法进行检查。

3）属性精度、完整性采用人机交互的方法进行检查。

4）逻辑一致性利用程序自动检查或调用数据核查分析数据文件的存储、组织、归档是否符合要求，数据文件格式、文件命名是否正确，数据文件有无缺失、多余，数据是否可读。

5）表征质量检查，采用人机交互的方式，对要素的几何表达、地理表达、符号、注记、整饰进行检查。

（2）专题要素的检查

包含保护区边界是否与批复文件一致、区域基础地理信息是否正确、面积量算是否正确、成果图制作是否规范。

1）保护区边界与批复文件一致性检查采用勘测定界成果与批复文件进行严格对照检查。

2）区域基础地理信息检查采用人机交互的检查方法。

3）面积量算正确性检查对面积量算方法、保护区界线走向是否与地物完全吻合进行了全面对照。

4）成果图制作是否规范检查把整个勘测定界成果图的各项要素严格对照有关规范。

通过二级检查、一级验收可以看出本次提交的各项成果及资料齐全，各项检查及精度统计真实、可靠，各项检查数据及成果资料达到了《河南省集中式饮用水水源地保护区勘界立标技术指南》《测绘产品质量评定标准》的标准和要求。按照《测绘产品质量评定标准》的规定，成果质量综合评定为“优”级。

5.5　作者点评

该水源地为水库型水源地，保护区批复范围包含实际地物、地形地貌、虚拟不可见线段等多种类型界线。

该次保护区勘界工作由保护区划分技术单位具体承担并开展，在保护区划分定界阶段即已同步开展实际测绘工作，在保护区范围经政府批复后，勘界成果已经基本编制完成。该做法既提高了保护区划分成果的质量，也很好地保障了勘界成果与划分批复文件的一致性。该次勘界中应用了无人机航空测量技术，提高了勘界工作的效率。

第六章　水库型水源地——商城县鲇鱼山水库

6.1　水源地基本情况

鲇鱼山水库位于信阳市商城县县城西南 5 km 灌河上，是一座以防洪、灌溉为主，兼顾发电、养殖、城镇供水、航运、旅游等综合利用的大（2）型水库，为鲇鱼山灌区主要水源。水库控制流域面积 924 km^2，占灌河总流域面积 1 650 km^2 的 56%。水库于 1970 年开工兴建，1973 年基本建成，1976 年投入使用，并在防洪、灌溉、发电等方面发挥了很大的效益。鲇鱼山水库后历经应急除险加固，按照采用 100 年一遇洪水设计，5 000 年一遇洪水校核。根据 2005 年《河南省鲇鱼山水库加固工程初步设计报告》，鲇鱼山水库除险加固后，水库设计水位 111.40 m，设计库容 7.333 亿 m^3；校核水位 114.50 m，校核库容 9.16 亿 m^3，死水位为 84 m，常水位为 103 m，兴利水位 107.00 m。

鲇鱼山水库现设有商城县县级饮用水水源地取水口、固始县“引鲇入固”饮用水水源地取水口 2 个县级取水口，以及下马河水厂取水口、匡店第二水厂取水口、汤泉池善泉水厂取水口 3 个乡镇取水口。鲇鱼山水库水质满足《地表水环境质量标准》（GB 3838—2002）Ⅲ类水标准，为商城县城、固始县城及周边 3 个乡镇共用集中供水饮用水水源地，设计取水量 1 095 万 t/a，实际取水量 300 万 t/a。

6.2　保护区划分情况

2014 年 1 月，《河南省人民政府办公厅关于印发河南省县级集中式饮用水源保护区划的通知》（豫政办〔2013〕107 号）划定了商城县鲇鱼山水库饮用水水源保护区。

为满足固始县不断增加的供水需求，固始县人民政府决定启动“引鲇入固”饮水工程项目，水源采用商城县鲇鱼山水库水，另外鲇鱼山水库增加了3个乡镇取水口。2022年9月，《河南省人民政府关于划定调整取消部分集中式饮用水水源保护区的通知》（豫政文〔2022〕194号），对商城县鲇鱼山水库饮用水水源保护区进行了调整。因鲇鱼山水库善泉水厂乡镇取水口运行过程中存在取水困难、距离交通干线较近等问题，商城县政府决定新建善泉水厂乡镇取水口。2023年10月，《河南省人民政府关于调整取消部分集中式饮用水水源保护区的通知》（豫政文〔2023〕153号）对商城县鲇鱼山水库饮用水水源保护区进行了调整，调整后的饮用水水源保护区范围为：

（1）一级保护区范围

水库水位高程103 m以内商城县县城水厂取水口、固始县“引鲇入固”取水口、匡店第二水厂取水口、下马河水厂取水口外围500 m的区域及水库水位高程103 m以外200 m至水库大坝的区域；水库水位高程103 m以内汤泉池善泉水厂取水口外围500 m的区域及水库水位高程103 m以外200 m至第一重山脊线内的区域。

（2）二级保护区范围

一级保护区外，水库水位高程103 m以内商城县县城水厂取水口、固始县“引鲇入固”取水口、匡店第二水厂取水口、下马河水厂取水口、汤泉池善泉水厂取水口外围2 500 m的区域及水库水位高程103 m以外3 000 m至省道339—乡道013—主坝—副坝—分水岭—省道216—取水口外围3 500 m外包线—华佗庙西生产桥—普救河桥—山脊线（雨台岗—黄老塆—郭家塆）—生产路（郭家塆—七里冲村）县道006—汤泉池大桥—善泉水厂—山脊线—“村村通”道路（谢家湾—中塆—六甲畈—夏家坳—万安村—刘小湾—刘后塆）—取水口外围3 500 m外包线—省道339的区域。

（3）准保护区范围

二级保护区外，东至省道216—汪岗大道—乡道006、南至山脊线（长塘埂—陶中塆—陶冲苗—河西—船埠口—盛家店—张家塆—老猫咀—刘家友）、西至山脊线（花小塆—高稻场—吴河乡）—县道006—山脊线（罗岩—赵冲）、北至风力发电站生产路—山脊线（斧头凹—杨小湾—三调塆）的区域。

6.3 勘界实施过程

本次勘界受信阳市生态环境局商城分局委托，由保护区调整技术单位组织测绘单位开展勘测定界工作。

6.3.1 资料收集

收集《河南省人民政府关于划定调整取消部分集中式饮用水水源保护区的通知》（豫政文〔2023〕153 号）、《鲇鱼山水库集中式饮用水水源保护区调整技术报告（2023 版）》、《鲇鱼山水库集中式饮用水水源保护区区划成果图集、附件集（2023 版）》等文件资料，收集鲇鱼山水库区域卫星影像、鲇鱼山水库集中式饮用水水源保护区区划成果（2023 版）矢量数据、第三次全国国土调查商城县村级调查成果、第三次全国国土调查商城县 2021 年地类图斑成果、第三次全国国土调查商城县行政区成果、鲇鱼山水库管理范围数据等矢量数据。

6.3.2 勘测任务分析

本次勘界对象为 2023 年调整后的商城县鲇鱼山水库饮用水水源保护区，勘界内容包括保护区内在用的取水口，一级保护区边界、二级保护区边界和准保护区边界。

6.3.3 工作组织

本项目实行项目经理制，按实际工作流程，本项目共投入人员 7 人，其中项目经理兼技术负责人 1 人，外业测量 3 人；内业数据库建设与制图 3 人，质检 1 人。

本项目外业测量工作共投入设备 4 台，作业车 1 辆；内业数据库建设及制图采用 ArcGIS 软件、遥感图像处理系统软件 ERDAS Imagine@2015 及测量大师软件（survey master）v2.8.2 等软硬件设备。

6.3.4 外业勘测

（1）外业测绘实施过程

本次勘测定界外业测量共投入工作人员 3 人，1 个工作小组，共进行 2 天，依据《集中式饮用水水源保护区勘界技术规范》（DB41/T 2528—2023）的要求，对《河南省人民政府关于划定调整取消部分集中式饮用水水源保护区的通知》（豫政文〔2023〕153 号）中调整后的取水口、各级保护区边界等基础地理信息进行测量。

（2）外业测绘方法及测点处理要求

RTK 测量采用网络 RTK 方法进行；RTK 卫星的状态应符合表 6.1 的规定；数据采集和图根点测量主要技术要求符合表 6.2 的规定。

表 6.1 勘界监测期间卫星状态规定

观察窗口状态	截止高度 15°以上的卫星个数	PDOP 值
良好	≥6	＜4
可用	5	≥4 且≤6
不可用	＜5	＞6

表 6.2 数据采集和图根点测量主要技术要求

等级	图上点位中误差/mm	高程中误差	与基准站的距离/km	观测次数/次	起算点等级
碎部点	≤±0.5	符合相应比例尺成图要求	≤10	≥1	平面图根、高程图根以上

经、纬度记录精确至 0.000 01″，平面坐标和高程记录精确至 0.001 m，天线高量取精确至 0.001 m。网络 RTK 的流动站获得系统服务的授权；网络 RTK 的流动站在有效服务区域内进行，并实现与服务控制中心的数据通信；用数据采集器设置流动站的坐标转换参数，设置与基准站的通信；RTK 的流动站不宜在隐蔽地带、成片水域和强电磁波干扰源附近观测；观测开始前对仪器进行初始化，并得到固定解，当长时间不能获得固定解时，宜断开通信链路，再次进行初始化操作；每次观测之间流动站均重新初始化；作业过程中，如出现卫星信号失锁，须重新初始化，并经重合点测量检测合格后方继续作业。

根据测点完成情况，结合《集中式饮用水水源保护区勘界技术规范》（DB41/T 2528—2023）附录 B 要求，记录实测点信息。

6.3.5 内业处理

（1）影像处理

利用 ERDAS Imagine 软件对获取的影像进行预处理，具体操作流程如下：

1）正射纠正。获取遥感影像产品后为使其定位准确，在使用之前必须对其进行几何精纠正，在地形起伏较大地区，对其进行正射纠正。

2）图像配准。将遥感影像配准到相同地区另一幅影像或栅格地图中，使其在空间位置能重合叠加显示。

3）影像融合。将多源遥感数据在统一的地理坐标系中，采用一定的算法生成一组新的信息或合成图像。

4）影像匀色。对不同传感器、不同时相的遥感数据以及在做图像镶嵌时出现的色调不一致的情况，结合实际情况和整体协调性对参与镶嵌的影像进行匀色。

5）真色彩转换。利用彩色合成的方法对多光谱图像进行处理，以得到彩色图像。

6）影像镶嵌。先对每幅图像进行几何校正，然后再规划到统一的坐标系中对它们进行裁剪，去掉重叠的部分，再将裁剪后的多幅影像拼接起来形成一幅大幅面的影像。

7）影像裁剪。根据项目需求对影像进行裁剪。

（2）信息提取

将所测得的要素信息，与现有的卫星遥感影像，第三次全国国土调查（以下简称“国土三调”）成果中交通道路、航线码头、建筑物等基础要素信息，鲇鱼山水库集中式饮用水水源保护区区划成果（2023 版）矢量数据进行套合，提取保护区边界有关信息。

（3）保护区边界标绘

将现场测量的取水口（井）中心点、拐点、界标点、实际地物、等高线及各类基础信息准确地标绘在底图上，对保护区边界初绘结果进行修正，精准确定并绘制保护区边界。

（4）数据库整理

《集中式饮用水水源保护区勘界技术规范》（DB41/T 2528—2023）附录 E 要求，对勘界形成的成果建立数据库，包括取水口、一级保护区范围、二级保护区范围、准保护区范围及上述各级保护区界线、拐点、立标点等要素图层及属性信息。

6.4 成果质量控制与检查

6.4.1 质量控制措施

按照 GB/T 24356、GB/T 17941 和 GB/T 18316 的规定对勘界工作进行全过程自查，自查实行“二级检查、一级验收”制度，在自查互校基础上进行过程检查和最终检查，最后由质量管理部实行内部验收。验收合格后上交甲方验收。

6.4.2 检查内容

1）保护区边界勘测成果与保护区批复文件一致性；

2）数据格式和属性数据规范性；

3）数据库完整性、逻辑一致性、空间拓扑正确性；

4）成果图的完整性和规范性；

5）勘界报告与成果登记表的完整性和规范性。

6.4.3 质量检查方法

检查方法主要包括内业成果检查、电子数据检查以及技术设计书、检查报告、技术报告等的检查。

检查方式主要采用程序自动检查、人机交互检查和绘出图件目视检查等。

根据检查的不同阶段，进行过程检查和最终检查，检查形成检查报告，各类检查报告均须包含检查中发现的问题及其处理意见。这些问题和意见必须及时反馈给项目部并彻底整改。

6.4.4 全面检查

全面检查主要从以下几个方面进行检查：

1）资料格式是否符合要求，资料是否齐全；

2）仪器设备是否满足要求；

3）起算数据是否可靠；

4）作业方法是否正确。

6.4.5 外业成果检查

外业成果质量检查，除一般检查外还着重以下几个方面的质量：

1）布网是否符合《技术设计书》的要求；

2）控制点的密度是否达到要求，分布是否合理；

3）控制点标志是否达到要求；

4）内、外业各项精度是否满足要求；

5）平差程序是否可靠；

6）起算数据是否正确；

7）精度评定是否齐全；

8）输出成果内容是否齐全，使用是否方便，必要的说明是否齐全。

6.4.6 电子数据检查

1）文件数据格式是否符合要求，数据成果是否完整；

2）编码是否正确；

3）图层结构是否正确，对象与图层对应关系是否准确；

4）共线检查，面状对象构面是否准确，与边线是否一致，是否有多余节点等。

6.5 作者点评

该水源地为水库型水源地，保护区批复范围包含实际地物、地形地貌、虚拟不可见线段等多种类型界线。

本次保护区勘界工作，是第一个按照《集中式饮用水水源保护区勘界技术规范》（DB41/T 2528—2023）进行勘界的案例，由保护区划分（调整）技术单位组织具备测量资质的第三方单位开展测量，采用“国土三调”确定的道路、山脊线和行政区边界作为保护区边界数据的来源，减少了现场测绘的工作量，缩短了现场勘测的时间，提高了勘测成果的准确性，同时较好地保障了勘界成果与划分（调整）成果的一致性。

第七章　河流型水源地——漯河澧河

7.1　水源地基本情况

澧河是淮河主要支流沙颍河水系的二级支流，发源于河南省方城县四里店的北部柳树沟，干流全长 145 km，流域面积 2 787 km^2。澧河流经平顶山叶县，自漯河舞阳入境，上游有甘江河汇入，于乔庄纳骂子河，至源汇区纳姬沟、唐河、戴沟和胡沟，东流至漯河市区，西南折而往北汇入沙河。

澧河地表水水源地建设于 1964 年，主要供给漯河市城市生活用水，服务于漯河市第一水厂和第四水厂，取水方式为岸边取水。其中，第一水厂于 1964 年 6 月建成，第四水厂于 1998 年 10 月建成。澧河水源地现状取水口 1 个，位于漯河市源汇区大刘镇湾王村下游 550 m 的澧河右岸，澧河供水服务人口最高为 50 万人，服务年限已达 60 年。澧河地表水取水口供水规模近期 18 万 m^3/d，远期 23 万 m^3/d，取水口取水流量设计建设规模为 25.3 万 m^3/d，泵站设计规模为 25.3 万 m^3/d，现状取水量为 2 190 万 m^3/a。

7.2　保护区划分情况

2007 年 12 月，《河南省人民政府办公厅关于印发河南省城市集中式饮用水源保护区划的通知》（豫政办〔2007〕125 号）划定了漯河市澧河地表水饮用水水源保护区。为了解决漯河市现状水源地保护与城市发展建设、居民生活之间的矛盾，更好地保护水环境、开发利用水资源，确保漯河市城市居民饮用水安全，2018 年，漯河市实施了澧河饮用水源地取水口上移综合项目，于沙澧连通渠西侧，源汇区大刘镇湾王村北部（澧河南岸），湾王村下游处建设新的取水口。因取水口调整上移 8 km，原有保护区范围难以实现新取水口的水源水质安全保护目标，2020 年 9 月，《河南省人民政府关于划定调整取消部分集中式饮用水水源保护区的通知》（豫政文〔2020〕99 号）对漯河市澧河地表水饮用水水源保护区进行了调整，调整后的饮用水水源保护区范围为：

（1）一级保护区范围

澧河取水口上游 1 000 m 至下游 100 m 两岸堤防背河堤脚以内的区域。

（2）二级保护区范围

一级保护区外，澧河取水口上游 3 000 m 至下游 300 m 两岸堤防背河堤脚外 50 m 以内的区域。

（3）准保护区范围

二级保护区外，澧河取水口上游 7 200 m（乡道 054 澧河桥）至下游 500 m 两岸堤防背河堤脚外 50 m 以内区域；唐河入澧河口至上游 2 000 m（唐河与马沟连通处）两岸堤防背河堤脚外 50 m 以内的区域。

7.3 勘界实施过程

本次勘界由漯河市生态环境局委托保护区调整技术单位组织测绘单位开展勘测定界工作。

7.3.1 勘界准备

勘界准备主要包括资料收集、勘界测量准备及人员组织。

（1）资料收集

收集保护区调整批复文件、保护区调整技术报告及相关附图、矢量数据，收集所属河流的河道管理范围线图，收集保护区所在范围内以及周边已有的数字高程模型、平面及高程控制点。

（2）勘界测量准备

仪器设备准备，主要为现场测量仪器（GPS-RTK）、遥感图像处理平台（ENVI5.2）、地理信息数据库制作软件（ArcGIS 10.5）以及保障项目测量工作开展的其他基础设备，如笔记本电脑、车辆等。

（3）人员组织安排

本次勘界成立项目组，项目委托单位漯河市生态环境局整体负责勘界工作的组织，保护区调整报告编制单位组织具备测量资质单位开展测量，项目组成员分为项目负责人、外业测量人员、内业制图人员、勘界报告编制人员。

1）项目负责人。该水源保护区勘界应由负责水源保护区调整划分的技术单位组织勘界，考虑到对水源保护区的熟悉了解、便于勘界工作的开展，项目负责人同水源保护区调整划分负责人一致。

2）外业测量人员。外业测量人员 4 人，分 2 组开展现场测量工作。

3）内业制图人员。内业制图人员 1 人，聘用具有测绘工程师职称、从事测量内业 5 年工作经验以上且熟悉 GIS 软件制图的人员。

4）勘界报告编制人员。报告编制人员 3 人，分工开展项目成果报告的编制。

7.3.2　勘界任务分析

因澧河及支流两岸均建设有堤防，保护区批复范围以澧河及支流两岸堤防背河堤脚为边界及外扩 50 m 距离进行批复，因此，现场测量的主要关键地物是河流两岸堤防背河堤脚。

7.3.3　外业测量

（1）测绘任务规划

对于澧河地表水水源保护区，按照省政府批复的范围，从保护区上游准保护区开始，沿河流防洪堤两岸开展勘测工作，分两组，分别沿保护区的左岸和右岸堤防背河堤脚处从上游向下游开始进行测量，采取先勘测准保护区、再勘测二级保护区、后勘测一级保护区的步骤进行。

（2）项目实施过程

首先，建立测区控制点，均匀分布在测区范围内，地基坚实稳固，交通便利，适合 GPS 观测并有利于长期保存，有利于其他测量手段进行扩展和联测。点位要求：点位便于安置和操作接收设备，视野开阔，视场内无高度角大于 15°的成片障碍物。尽可能避免 GPS 观测的多路径效应。避免控制点周围有强反射面，尽可能与大面积水面保持一定距离以保证观测质量。

其次，对保护区边界、取水口、取水泵站等进行测量及数据采集，绘制成草图。

最后，对保护区内及外延 100 m 范围内的地理信息进行调查和数据采集，绘制成草图。

（3）现场勘测过程

结合《漯河市澧河饮用水水源保护区调整技术报告》中保护区调整后示意图，先在卫星图上确定一级保护区、二级保护区、准保护区拐点。分两组，分别沿保护区的左岸和右岸堤防背河堤脚处从上游向下游开始进行测量，先开展准保护区测量，准保护区测量先开展干流澧河保护区测量，再开展支流唐河保护区测量；准保护区测量完成后，开展二级保护区测量，最后进行一级保护区测量。

（4）外业测量成果

在外业测量中，形成成果主要包括测区控制点 2 个，各级保护区的拐点坐标、取水口坐标、取水泵站坐标以及周边建筑物、交通道路坐标等，共计 500 余个外业勘测点。在勘测过程中，对主要位置进行现场拍照记录等，便于勘界报告编制以及后期保护区管理使用查阅。

7.3.4 内业整理

（1）技术方法

采用 0.5 m 分辨率卫星遥感影像地图作为调绘底图，首先利用 ENVI 对所选取的遥感影像进行预处理，待预处理完成后，将数据导入 ArcGIS 中构建勘界地理信息数据库。根据《河南省集中式饮用水水源地保护区勘界立标技术指南》的要求，图层数据格式为 ArcGIS 软件支持下的 Shapefile 或 Geodatabase 文件。

（2）分析整理数据资料及外业测绘成果

1）基础地理信息数据整理。基础地理信息数据包括行政区划面、行政区划点、道路、建筑物、水系等要素，根据已有资料及外业调绘内容提取该项目所需要的内容并上图。

2）专题地理信息数据整理。专题地理信息数据主要来源是外业测量的取水口、取水泵站、保护区拐点等点位信息，根据测量位置与基础地理信息数据融合上图。

（3）遥感影像处理

选择最新时效的 0.5 m 卫星遥感影像数据，利用外业测量控制点数据对影像进行几何校正、增强、镶嵌、融合与裁剪处理后，根据外业采集的控制点坐标进行校准。

（4）信息提取

在 ArcGIS 中建立工作图层，要素类型选择面，设置和影像相同的空间参考坐标系并导入影像；加载外业采集的遥感解译资料并设置空间参考坐标系，对参考图层的相应属性进行标注；根据影像及参考资料进行解译。依据解译的规则对影像中的每一个达到采集要求的自然地物或人工构筑物进行采集；对内业解译的成果进行外业核查并做记录；修改外业核查中检查出来的解译过程中出现的边界问题和分类属性问题；最终形成解译成果。

（5）拐点精确定位

1）拐点在图影像上要有明显的、清晰的定位识别标志，如道路交叉点、建筑物边界、农田界线等；

2）拐点附近地物应不随时间而重大变化，以保证当对两幅不同时段的图像或地图进行几何纠正时，可以同时识别出来；

3）在没有做过地形纠正的图像上选控拐点时，应尽量在同一地形高度上进行；

4）拐点数量和分布要符合省政府批复的保护区范围，要符合《河南省集中式饮用水水源地保护区勘界立标技术指南》的要求。

5）拐点精度应达到厘米级。

最终形成保护区拐点坐标 123 个，其中一级保护区拐点坐标 22 个，二级保护区拐点坐标 26 个，准保护区拐点坐标 75 个。

7.3.5 勘测成果清单

澧河饮用水水源保护区勘界成果主要清单如下：

（1）澧河饮用水水源保护区勘界报告

澧河饮用水水源保护区勘界报告 1 份。

（2）澧河饮用水水源保护区勘界成果图

澧河饮用水水源保护区勘界成果图包括整体勘界成果图（1 幅）、一级保护区勘界成果图（1 幅）、二级保护区勘界成果图（1 幅）、准保护区勘界成果图（2 幅）；一级保护区拐点图（1 幅）、二级保护区拐点图（1 幅）、准保护区拐点图（4 幅）。

（3）澧河饮用水水源保护区勘界成果数据库

澧河饮用水水源保护区勘界成果数据库包括基础地理信息要素图层、专题要素图层。

7.4 成果质量控制与检查

在项目实施过程中，专门成立质检组。针对保护区的测绘数据及内业处理数据进行抽检，抽检率不低于 20%。

（1）内业检查

本次勘界最终确定的拐点共 123 个，按照抽检率不低于 20%的要求，共抽查澧河 30 个勘界点，主要对图幅整饰、图示符号的运用、勘界地理信息数据库等资料进行检查。包括图幅整饰、图示符号的运用、勘界地理信息数据库是否与实际一致和是否存在保护区边界重叠交叉等问题。

（2）外业检查

共抽查澧河 30 个勘界点，对保护区范围及勘界情况进行了巡视检查和外业实测检查。

7.5 作者点评

该水源地为平原地区河流型水源地，保护区批复范围是以防洪背河堤脚为边界或外扩 50 m 进行划定的，现场测量的主要关键地物是河流两岸堤防背河堤脚，任务相对简单。

该次保护区勘界工作由保护区划分（调整）技术单位组织具备测量资质的第三方单位开展测量，较好地保障了勘界成果与划分（调整）成果的一致性。

第八章　河流型水源地——三门峡市黄河后川

8.1　水源地基本情况

三门峡市黄河后川饮用水水源地位于黄河三门峡水库库区段，在后川建设取水泵站，在黄河滩区建设沉砂池，于黄河三门峡水库 11 月—翌年 5 月非汛期进行取水，此时该区段黄河为“清水黄河”，尤其是凌汛和桃花汛时期，水质相对较好。近年来库区运行方式调整，一直保持低水位运行，非汛期最高蓄水水位 318 m、平均蓄水水位 315 m，河流水文情势有所变化，黄河沉砂池及后川取水口等运行方式均有所调整，由原沉砂池自流进水+泵站提水调整为泵站取水，且泵站设计取水水位下降。该水源地设计取水规模 4 562.5 万 m^3/a，2018 年保护区划定时实际取水量为 1 183 万 m^3/a，设计取水水位 301.8 m（95%保证率），后取水口改造为 305 m，供给水厂为三门峡市三水厂。

8.2　保护区划分情况

2007 年 12 月，《河南省人民政府办公厅关于印发河南省城市集中式饮用水源保护区划的通知》（豫政办〔2007〕125 号）划定了三门峡水库饮用水水源保护区。

由于水库运用调度方式发生变化，取水口水位也发生变化，2019 年 12 月，《河南省人民政府关于划定调整取消部分集中式饮用水水源保护区的通知》（豫政文〔2019〕162 号）对三门峡水库饮用水水源保护区进行了调整，并将水源地名称变更为三门峡市黄河后川，调整后的饮用水水源保护区范围为：

（1）一级保护区范围

沉砂池围堤内区域及外围东至黄河中泓线（省界）—取水口下游 100 m、南至右岸防浪堤以内的区域。

（2）二级保护区范围

一级保护区外，披云亭（夕照路与北大街交叉口）至取水口下游 300 m、黄河中泓线（省界）内至右岸黄土塬崖上北沿的区域。

（3）准保护区范围

二级保护区外，三河广场至取水口下游 500 m、黄河中泓线（省界）内至右岸黄土塬崖上北沿—夕照路—湖堤南路—青龙大坝—三河广场的区域。

8.3 勘界实施过程

本次饮用水水源保护区勘界，按照《河南省集中式饮用水水源地保护区勘界立标技术指南》推荐程序开展，具体流程如下（图 8.1）：

1）收集水源地保护区划分报告、批复文件、区域卫星遥感影像、测区测量控制点，在卫星遥感影像上根据批复文件和划分报告初步标绘出保护区边界。

2）测绘专业技术人员在保护区划分相关人员的陪同下，踏勘确认取水口、关键拐点、水质采样监测点、排污口等设施要素的具体地理位置。

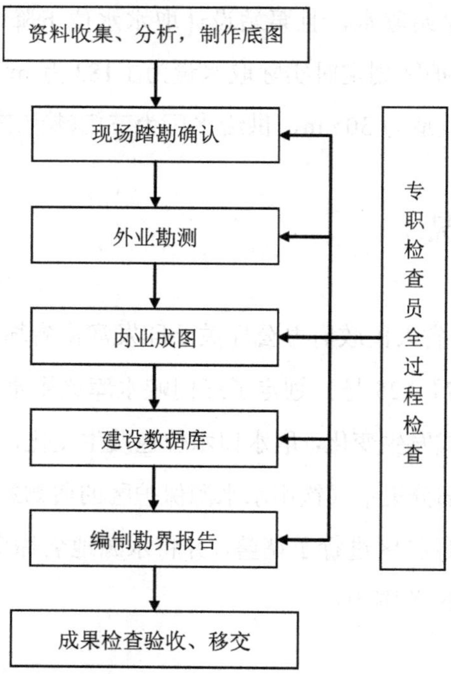

图 8.1 勘界工作流程

3）专业技术人员对取水口、水质采样监测点、排污口、保护区边界等设施要素和各类地理要素采用 RTK 进行精确定位，现场绘制勘界草图。

4）采用 CASS 专业制图软件对外业采集的要素进行成图。

5）采用 ArcGIS 软件进行数据库建设。

6）编制勘界报告。

7）对勘界成果进行检查验收并移交委托单位。

8.3.1　资料收集

根据勘界工作的任务对象、特点，从三门峡生态环境局收集了三门峡市区集中式饮用水水源保护区调整技术报告、《河南省人民政府关于划定调整取消部分集中式饮用水水源保护区的通知》（豫政文〔2019〕162 号）、比例尺为 1∶2 000 的 TIFF 格式的卫星遥感影像、河南省省界矢量数据等。

8.3.2　勘测任务分析

根据水源保护区调整报告及保护区定界示意图，对勘测任务中勘测的要素进行分析：

1）一级保护区涉及的沉砂池围堤、右岸防浪堤、取水口、提水泵站；二级保护区边界地物披云亭至取水口下游 300 m 段南侧黄土塬崖，二级保护区内陆域的建筑物；准保护区陆域边界三河广场至取水口下游 500 m 段右岸黄土塬崖上北沿—夕照路—湖堤南路—青龙大坝—三河广场的陆域区域。这些勘测对象可采用测量仪器实地测量。

2）水源地的二级保护区陆域边界存在以汇水范围为边界的情况，但在划分的过程中已经通过水文分析和现场踏勘确定了汇水范围边界为黄土塬崖。这些勘测对象可采用测量仪器实地测量。

3）划分边界存在以省界为边界的情况，省界是以黄河的河道中泓线为界。省界（黄河河道中泓线）无法实地测量。

4）一级保护区的下游边界由防浪堤至中泓线的部分，二级保护区、准保护区的上下游边界由防浪堤至中泓线的部分均位于水面，没有明确的地物点可供实地测量。

对于第 1、第 2 种情况由外业测绘人员通过 RTK 和全站仪进行实地测量，将测量数据和外绘草图交由内业人员进行内业制图处理。

对于第 3 种情况只能通过向测绘部门申请获取省界矢量数据，交由内业处理组处理后使用。

对于第 4 种情况直接由内业根据划分说明基于实际地物外扩一定距离在制图软件上直接绘制边线。

8.3.3 工作组织

为保证勘界任务顺利实施和高质量完成，勘界单位与三门峡市生态环境局联合成立勘界工作项目部，分别负责外业测绘、内业制图、质量检查、组织协调等相关工作。

（1）人员组织

本次勘界任务共投入人员 5 名（包括技术员 3 名，专职检查员 1 名，司机 1 名）。其中 2 名技术人员和司机负责外业测绘并由技术人员负责自查自检，1 名技术人员负责内业制图并由 3 名技术员负责自查，1 名专职检查员负责全过程质量检查。

（2）仪器设备

本次勘界测绘任务投入 GNSS 接收机 1 台，无棱镜全站仪 1 台，台式电脑 1 台，笔记本电脑 2 台，打印机 1 台，车辆 1 辆，南方 CASS 软件 1 套，ArcGIS 软件 1 套。

8.3.4 测绘实施技术方法

根据测区内测绘目标要素的特点，本次勘界采用卫星遥感影像为底图，通过在测区设置多个控制点，对遥感影像进行配准、校正，外业采用 GPS-RTK 接收机和全站仪对保护区陆域边界特征地物进行测绘，内业采用 CASS 软件制图对外业测量的数据和收集到的省界矢量进行编辑制成勘界成果，另将勘界成果图数据以 Shape 格式导出加载至 ArcGIS 进行数据编辑最终形成勘界数据库。

8.3.5 外业测绘

（1）外业测绘工作流程

外业测绘工作流程见图 8.2。

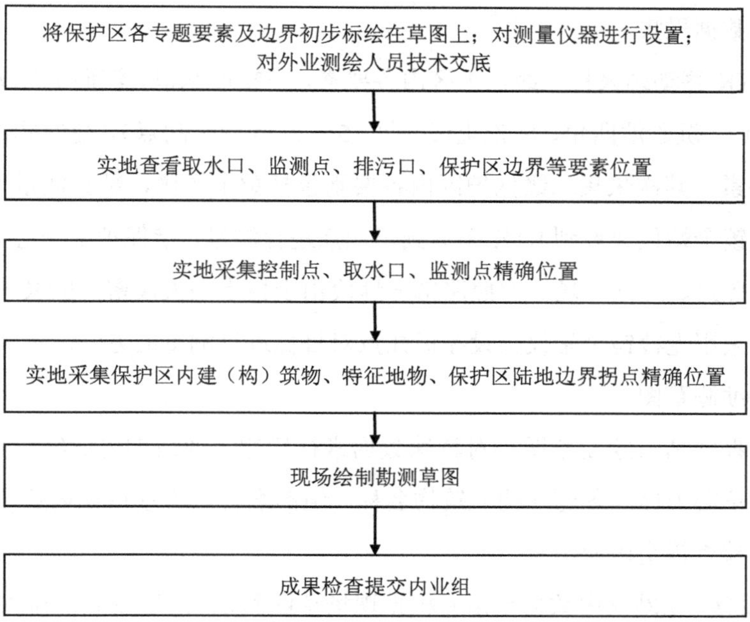

图 8.2　外业测绘工作流程

（2）测量仪器准备

1）确保 RTK 设备、手簿、相关软件和 SIM 卡等必备物品齐全，并确认河南 CORS 网络服务在作业区域的信号覆盖良好；

2）开启 RTK 主机和手簿，通过蓝牙技术将它们连接起来；

3）在手簿上打开南方测绘的测量软件，创建新的项目并输入项目的基本信息，如项目名称、坐标系统参数等，本项目坐标系统采用 CGCS 2000 国家大地坐标系；

4）在软件中进入移动站设置界面，选择“内置网络”作为数据链的类型，然后在高级选项中配置网络类型和其他相关参数；

5）在服务器选项中选择 CORS 作为服务器类型，手动输入河南 CORS 服务器的 IP 地址和端口号，并进行源节点设置；

6）登录账号：输入购买的 CORS 账号和密码，以获取 CORS 服务，设置完成后，如果主页面显示固定解，则表示设置成功。此时可以开始进行数据采集工作。

（3）控制点测量

首先对测区 4 个控制点测量，然后采用平面四参数转换模型求出转换参数，并将参数保存在仪器中，以供后续测量使用。

（4）现场数据采集

首先用 RTK 移动站采集一级保护区内各要素，包括取水口、沉砂池堤脚线（每 15～20 m 一个测点）、沉砂池四角、防浪堤线（每 15～20 m 一个测点）、建筑物四角等陆域能够采集到的要素。其次采集二级保护区内各要素包括黄土塬崖，部分测量人员到不了的地方采用无棱镜全站仪架设到 RTK 采集到已知点进行测量。准保护陆域边界主要测量涉及披云亭、夕照路、三河广场。夕照路部分地段由于树木高大茂密，RTK 信号弱达不到固定解，同样采用无棱镜全站仪架设在已知点对目标进行测量的方法。

（5）绘制勘测草图

根据现场勘测情况绘制草图，对特殊数据进行标注方便后期内业编辑处理；根据现场勘测情况在草图上标注各建（构）筑物名称、道路名称，方便后期内业制图使用。

（6）成果检查提交内业组

将 RTK 手簿、全站仪中数据导出并根据现场草图和记录、现场照片对数据进行整理、编号。由小组内人员交互检查，确认无误后提交给内业组。

8.3.6 内业处理

（1）内业处理流程

内业处理流程见图 8.3。

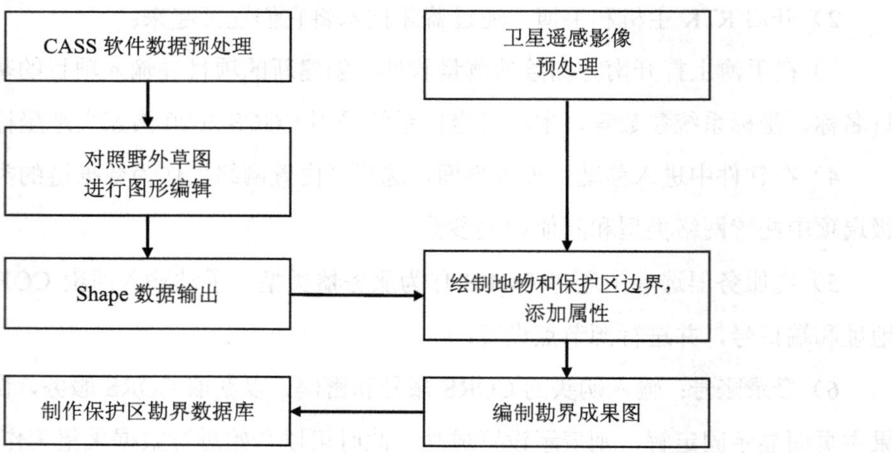

图 8.3 内业处理工作流程

（2）数据预处理

1）卫星遥感影像配准。打开南方 CASS 软件，通过“数据”下拉菜单选择“加载大影像”功能来导入预处理过的高清卫星影像作为底图。影像列表中右键单击影像—纠正影像—导入控制点，将外业测量得到的控制点导入，拾取卫星影像上点控制点位置—拾取导入控制点—添加到控制点变换列表（至少 4 个控制点），选择纠正方法（选线性变换），导出纠正影像。

2）省界矢量数据预处理。将 Shape 格式的矢量数据导入 CASS 中，使用坐标转换工具，将省界矢量数据和外业测量的数据转换成统一坐标系。

（3）绘制地物和保护区边界

利用 CASS 软件中的地物编辑工具，根据外业勘测草图编辑绘制保护区范围内的地物，使用边界线工具将外业测量的点数据连接成线，对于现场无法测量的各级保护区边界线，使用编辑工具根据划分报告和批复文件描述的距离，以现场测量的取水口为基准偏移一定距离后以测量的岸线垂线与之相交，并以省界矢量数据进行切割，形成各保护区的最终范围。绘制的边界线放置至单独的层中，复制边界线至另一单独层中，并用块工具将各保护区分别制成独立的闭合区域。将上述两个图层单独导出成 Shape 格式文件。

（4）勘界成果图制作

1）底图制作：ArcMAP 软件中通过“数据添加”将配准好的卫星遥感影像导入软件中作为底图使用。

2）数据处理：通过“数据添加”将 CASS 导出的 Shape 文件和现场勘测的拐点坐标叠加在卫星遥感影像上，使用软件工具箱中的“要素折点转点”功能将省界线各折点转成点并进行筛选后作为拐点使用；使用拓扑工具对各级保护区边线、保护区面进行重叠检查。

3）符号化设置：对导入的各要素（取水口、监测点、边线、保护区面、拐点等）根据《河南省集中式饮用水水源地保护区勘界立标技术指南》附录 C 要求进行符号化设置，以便清晰表达不同的地理要素。

4）添加图例和标注：在页面模式插入图框、图例，区域示意图、设置图例的风格和内容，插入主要拐点坐标表、勘界保护区面积表等图表。

5）输出成果图：调整好所有元素后，输出最终的水源保护区勘界成果图。

（5）勘界数据库制作

将上述保护区各专题要素的属性表按照《河南省集中式饮用水水源地保护区勘界立标技术指南》附录 A 的填写要求将信息补充填写完整。建立新的文件数据库将上述各层及要素添加至数据库中并以项目名称命名保存至指定文件夹中。

8.3.7 勘界成果清单

本次勘界工作形成的成果如下：

1）保护区拐点坐标表 1套；

2）保护区面积统计表 1套；

3）保护区勘界数据库 1套；

4）保护区电子版勘界成果图 1套；

5）保护区电子版勘界报告 1套。

8.4 成果质量控制与检查

8.4.1 检查标准和依据

1）《全球定位系统（GPS）测量规范》（GB/T 18314—2009）；

2）《全球定位系统实时动态测量（RTK）技术规范》（CH/T 2009—2010）；

3）《国家基本比例尺地图图式》（GB/T 20257—2007）；

4）《中华人民共和国行政区划代码》（GB/T 2260—2012）；

5）《基础地理信息要素分类与代码》（GB/T 13923—2006）；

6）《数字地形图产品基本要求》（GB/T 17278—2007）；

7）《测绘成果质量检查与验收》（GB/T 24356—2009）；

8）《数字测绘成果质量要求》（GB/T 17941—2008）；

9）《饮用水水源保护区标志技术要求》（HJ/T 433—2008）；

10）《集中式饮用水水源地规范化建设环境保护技术要求》（HJ 773—2015）；

11）《道路交通标志和标线要求》（GB 5768—2016）；

12）《图形标志使用原则和要求》（GB/T 15566—2007）；

13）《河南省集中式饮用水水源地保护区勘界立标技术指南》；

14）三门峡城市集中式饮用水水源保护区划分技术报告；

15）《河南省人民政府关于划定调整取消部分集中式饮用水水源保护区的通知》（豫政文〔2019〕162号）。

8.4.2　质量控制措施

为了确保勘界成果的准确性和可靠性，采取以下质量控制措施：

（1）做好技术准备

明确项目的技术要求和标准；选择合适的测绘技术和方法；对参与人员进行专业培训和技术交底。

（2）对仪器设备检定

确保所有测绘仪器经过严格检定，满足精度要求；定期对仪器进行维护和校准。

（3）加强现场作业管理

严格按照测量规范进行现场作业；对关键控制点和边界点进行多次测量以验证准确性；记录详细的现场工作日志，包括测量条件、时间、地点等。

（4）规范化数据处理与分析

对采集的数据进行严格的质量控制，包括数据检查、校验和修正；使用专业的软件进行数据处理，确保处理过程的标准化和自动化。

（5）开展成果审核与验收

对生成的图纸和报告、数据库进行多轮质量评审，包括自检、互检和专检。

自检：作业人员首先进行自查，确保所完成的工作无误，然后按照规定整理上交资料成果。这一步骤是基础工作，要求作业人员对照质量标准自行检查完成的测绘成果。

互检：在自检的基础上，项目部组织过程检查，包括作业组之间的互检，使之贯穿整个作业过程。该过程检查是对测绘产品进行的全面性检查。

专检：由公司专门质量检查人员负责实施的最终检查，也是对测绘成果进行的全面性检查，以确保所有提交的成果符合质量要求。

召开专家技术评审会开展独立的质量检验。根据反馈进行必要的修改和完善，确保成果达到预定的质量标准。

（6）加强文档记录与管理

详细记录每个环节的工作内容、检查结果和处理措施，形成完整的质量管理文档。对所有文档进行归档管理，确保资料的完整性和可追溯性。

8.4.3 检查内容

检查内容主要包括地理信息数据要素的检查和专题要素的检查。

（1）地理信息数据要素的检查

包含空间参考系、位置精度、属性精度、完整性、逻辑一致性、表征质量、附件质量等。

1）空间参考系检查包括大地基准、高程基准、地图投影等，采用人工检查的方法。

2）位置精度中，平面精度和高程精度采用查看原始数据的方法进行检查。

3）属性精度、完整性采用人机交互的方法进行。

4）逻辑一致性利用程序自动检查或调用数据核查分析数据文件的存储、组织、归档是否符合要求，数据文件格式、文件命名是否正确，数据文件有无缺失、多余，数据是否可读。

5）表征质量检查采用人机交互的方式，对要素的几何表达、地理表达、符号、注记、整饰进行检查。

（2）专题要素的检查

包含保护区边界是否与批复文件一致、区域基础地理信息是否正确、面积量算是否正确、成果图制作是否规范。

1）保护区边界与批复文件一致性检查采用勘界成果与批复文件进行严格对照检查。

2）区域基础地理信息检查采用人机交互的检查方法。

3）面积量算正确性检查对面积量算方法、保护区界线走向是否与地物完全吻合进行了全面对照。

4）成果图制作规范性检查，把整个勘界成果图的各项要素严格与有关规范对照。

8.5 作者点评

该水源地为河流型水源地，地形复杂。保护区批复范围包含实际地物、地形地貌、行政区划境界线、虚拟不可见线段等多种类型界线。

该次保护区勘界工作由保护区划分（调整）技术单位具体承担并开展，较好地保障了勘界成果与划分批复文件的一致性。

第九章　地下水型水源地——安阳市市级地下水饮用水水源地

9.1　水源地基本情况

安阳市水务公司采用地下水为水源的主要有第三水厂、第四水厂和第五水厂。

安阳市水务公司第三水厂，建于 1978 年，位于文峰区东风路南段，属于地下水井群开采类型，由 9 眼井组成，工程设计取水量 5 万 t/d，实际取水量为 1.70 万 t/d；

安阳市水务公司第四水厂，建于 1986 年，位于殷都区梅东路南段，属于地下水井群开采类型，由 9 眼井组成，工程设计取水量 7 万 t/d，实际取水量为 3.9 万 t/d；

安阳市水务公司第五水厂，建于 1990 年，位于北关区韩王度村，水源由两部分组成。一部分引自岳城水库，属于地表水水源类型，工程设计取水量 12 万 t/d，实际取水量为 2.6 万 t/d；另一部分取自厂区内的 4 眼水井，属于地下水型应急替代水源，设计取水量 2 万 t/d，可供水量为 2.5 万 t/d。

9.2　保护区划分情况

2007 年 12 月，《河南省人民政府办公厅关于印发河南省城市集中式饮用水源保护区划的通知》（豫政办〔2007〕125 号）划定了安阳市第三水厂东环路地下水井群、第四水厂大坡村地下水井群、第五水厂韩王度村地下水井群 3 个饮用水水源保护区。

第三水厂东环路地下水井群（共 9 眼井）饮用水水源保护区范围为：

（1）一级保护区范围

水井外围 200 m，东工路以西，文化路以东，相六路以北，151 医院以南的区域。

（2）二级保护区范围

一级保护区以外，水井外围 2 000 m 以内，精制粉皮厂以西，后营以北，玻璃钢厂以东，二十中以南的区域。

（3）准保护区范围

小南海水库、彰武水库以及洹河吁嘈沟口以上的水域。

第四水厂大坡村地下水井群（共 9 眼井）饮用水水源保护区范围为：

（1）一级保护区范围

水井外围 200 m，梅东路以西，冶金路西以东，文明大道以北，梅园路以南的区域。

（2）二级保护区范围

一级保护区以外，水井外围 2 000 m 以内，铁四路以西，南中环以北，骈家庄以东，柴库小学以南的区域。

（3）准保护区

小南海水库、彰武水库以及洹河吁嘈沟口以上的水域。

第五水厂韩王度村地下水井群（共 4 眼井）饮用水水源保护区范围为：

（1）一级保护区范围

水井外围 200 m 的区域。

（2）二级保护区范围

一级保护区以外，水井外围 2 000 m 以内的区域。

（3）准保护区

小南海水库、彰武水库以及洹河吁嘈沟口以上的水域。

9.3 勘界实施过程

为深入贯彻落实水污染防治攻坚战“1+2+9”系列文件中《河南省集中式饮用水水源地环境保护实施方案（2017—2019）》有关集中式饮用水水源地规范化建设的要求，2017 年，安阳市环境保护局组织对安阳市市级集中式饮用水水源地保护区进行勘测定界。由于水源保护区划分批复于 2007 年，距勘界时已近 10 年，保护区划分成果资料匮乏，边界描述及划分成果图比较模糊，为了保证本次勘界工作的顺利实施，精准测量并绘制保护区边界，勘界过程按照以下程序开展：

（1）边界确认

安阳市环境保护局组织安阳市水利局、自来水公司、住建局、交通局、自然资源局召开会议，对需要勘界的边界进行确认，对划分报告和水源地实际情况进行对比，同时结合豫政办〔2007〕125 号文关于水源保护区边界的描述，经过多方探讨和现场踏勘确认，对比原划分批复文件中边界地物点名称和现有地物名称，厘清地物名称变化情况，最终确定需要勘测的保护区边界。

（2）外业测绘

对外业测绘人员进行测量关键点交底，组织外业测绘人员进入勘测现场进行定点、观测、记录现场数据信息、绘制外业草图，并在关键拐点处埋置界桩。

（3）内业处理

根据外业测绘数据在测绘局提供的电子底图上标绘保护区边界线并对图层属性进行编辑，根据《河南省集中式饮用水水源地保护区勘界立标技术指南》要求完成制图，将矢量数据汇总建立水源地保护区矢量数据库。

（4）检查验收

按照要求编制《安阳市市级水源地勘界技术报告》，勘界成果在勘界单位内部进行三级检查后提交业主进行验收。

勘界工作流程见图 9.1。

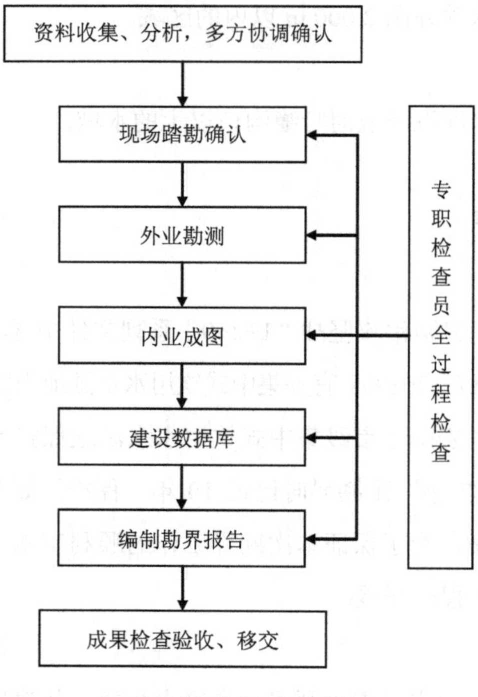

图 9.1 勘界工作流程

9.3.1 资料收集

为了做好安阳市市级地下水饮用水水源保护区勘界工作，工作组收集到《安阳市饮用水源地环境保护区划定方案》、《河南省人民政府办公厅关于印发河南省城市集中式饮用水源保护区划的通知》（豫政办〔2007〕125 号），收集测绘部门提供的 1∶5 000 比例尺电子地形图，收集水利部门现有水井基本资料，调查 2007 年到现在的变化情况并进行记录。

9.3.2 勘测任务分析

勘测对象地下水井群属于河南北部洹河冲积扇松散岩类孔隙水，划有一级保护区、二级保护区和准保护区，一级保护区、二级保护区主要位于安阳市区建成区，准保护区主要位于郊区。

经对收集的资料进行分析，本项目勘界任务主要存在以下问题：

1）保护区划分时间为 2007 年，划分时间和勘界时间间隔较长，勘界时水源情况和划分时有了较大变化，水源地水源井数量发生变化。

2）一级保护区、二级保护区位于城区内，建筑构筑物比较多，底图测量工作量巨大。

3）划分报告中保护区边界的描述中部分道路名称已经发生变化。

针对以上问题，项目组经过探讨提出相应解决方案，通过与自来水公司、交通局技术人员对接，并将现场水源井位置、保护区周边 100 m 范围内的单位、道路名称变更情况在草图上进行标注，取得测区 1∶5 000 电子地图作为本次勘界作业的底图，以减少底图基础地理要素的测绘工作量。

9.3.3 工作组织

（1）人员组织

本项目组共投入人员 6 名，其中项目经理 1 名，专职检查员 1 名，技术员 3 名，司机 1 名。

（2）投入的设备

投入 GPS-RTK 接收机 2 台，全站仪 1 台，手持测距仪 2 台，笔记本电脑 4 台，打印机 1 台，车辆 1 辆。

9.3.4 测绘实施技术方法

根据本次勘界任务测区范围大、测区建构筑物多的特点，本次勘界采用现有 1∶5 000 电子地图作为底图，通过在测区设置多个控制点，对电子地图进行配准，外业采用 GPS-RTK 接收机和全站仪对保护区边界特征地物进行测绘，内业采用 CASS 软件制图转至 ArcGIS 进行数据整理最终形成勘界成果图和勘界数据库。

9.3.5 外业测绘

（1）准备工作

在开始测量之前，勘界单位设备管理人员对设备进行检查和准备。具体包括确保 GPS-RTK 接收机和全站仪的电池充满电、仪器校准正确，以及准备好所需的测量辅助工具和记录设备。

（2）架设基准站

选择一个已知坐标点的地点架设 GPS-RTK 的基准站。在该点上架好脚架，对中整平，连接电源线和发射天线电缆，并注意电源的正负极连接。

（3）启动基准站和移动站

先启动基准站，然后启动移动站。确保两者都正常工作，并进行通信链接测试。

（4）采集碎部点

使用 RTK 技术采集碎部点，即那些需要精确位置信息的特定点，包括取水口及取水井中心点、各级保护区拐点、水厂、各类型排污口、水源地取水水质监测点及地形、地貌特征或其他重要地物。采集后，经基线解算得出 CGCS 2000 国家大地坐标系下的坐标值。

（5）全站仪测量

对于遮挡物较多或视野狭窄的地域，借助 RTK 设定图根点，辅助全站仪进行详细的地形、地貌特征采集。全站仪用于精确测量角度和距离，以获得地物的详细位置信息。

（6）草图绘制

在进行数据采集的同时，根据实地情况绘制草图，记录下地形、地貌以及重要地物的位置和属性。

（7）数据导出

测量完成后，需要将采集到的数据导出，以便后续的处理和分析。

9.3.6　内业处理

内业成图主要利用专业制图软件CASS软件和大型数据库处理软件ArcGIS软件进行人机交互处理，形成一套保护区勘界专业图集和一套具备查询、分析功能的数据库数据。内业成图具体流程如下（图9.2）。

1）将从测绘局取得的电子地形图以现场测绘的4个控制点为公共点计算七参数进行坐标转换，将电子地形图转换成CGCS 2000国家大地坐标系；

2）将现场测绘坐标点导入CASS中，结合现场绘制的草图使用CASS中的绘图工具对导入数据进行标绘并对图层属性进行编辑，完成后对编辑的边线和图斑进行边线检查和图斑覆盖检查，对交叉边线或是交叠图斑进行修改，确认无误后以Shape格式导出至ArcGIS中。

3）利用ArcGIS中拓扑工具对各专题要素进行空间关系检查，确认无误后按照《河南省集中式饮用水水源地保护区勘界立标技术指南》附录A的要求对专题要素保护区拐点、边界线、保护区面、取水口属性表进行编辑补充，建立文件地理数据库将各专题数据以Shape格式导入文件地理数据库中，以mdb格式保存至项目命名的文件夹中。另在CASS软件中将保护区专题数据按照《河南省集中式饮用水水源地保护区勘界立标技术指南》中的成果图制图要求制作勘界成果图。

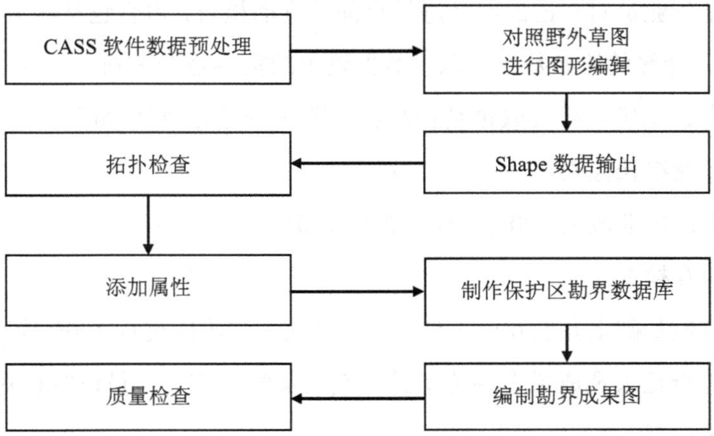

图9.2　内业工作流程

9.3.7 勘界成果清单

本次勘界工作形成的成果如下：

1）饮用水水源地保护区勘界数据库 1套；

2）饮用水水源地保护区勘界图集 1套；

3）饮用水水源地保护区勘界报告 1套。

9.4 成果质量控制与检查

9.4.1 质量控制措施

为了保证成果资料的准确，满足保护区勘界立标的需要，并提供可靠的科学依据，本项目实行下列质量保证措施：实行“三级检查、两级验收”制度。三级检查制度即现场作业人员自检、作业组互检、项目专职检查员检查；两级验收即单位质量检查科检查合格后，提交甲方组织验收。要求严格按照《测绘成果质量检查与验收》（GB/T 24356—2009）、《数字测绘成果质量要求》（GB/T 17941—2008）对所提交的测绘成果按优、良、合格 3 个等级进行评定，杜绝不合格品。

（1）作业组自检

自查主要是作业员对自己的产品进行全面认真的检查，内容包括测量原始记录手簿、RTK 测量仪器、计算的原始数据录入、数据输出的资料是否正确、齐全；影像图的内容及表示是否齐全、正确，综合取舍是否恰当，图式符号运用是否正确，并进行修改，确认无误后提交作业组长检查。

自查的比例：内业成果 100%，外业资料 100%。

（2）作业组互检

在作业组自检基础上开展互检工作，按工序或工作阶段进行 100%检查，对互检中发现的问题，在检查记录及成果上签署意见，然后及时交作业人员进行核对修改，在此基础上提交下一级检查。

互查的比例：内业成果 100%，外业资料 100%。

（3）项目部专检

专职检查由项目专职检查员检查，内容包括作业员提交的所有资料，除进行必要的手簿检查外，还应对计算资料进行原始录入数据的校核，用平差程序进行二次平差。影像图用系统检校功能实施属性信息和图形数据的互校，然后根据内业检查情况，有重点地进行实地检测。

专查的比例：内业成果100%，外业巡视检查100%。

项目专职检查员全面检查修改后的成果成图，提交勘界单位质检组，质检组组织专职检查员进行成果检查。检查内容包括原始调查资料、工作底图、中间过渡成果、电子成果资料和输出的影像图等，进行全面的内业检查和重点的外业抽查，检查后形成检查记录，对检查发现的问题，会同作业员确认后修改。对项目确保质量合格后提交给甲方组织专家验收。

在自检、互检的基础上，质检人员进行了外业抽查和内业资料全数检查，对提出的一些轻微错漏及时进行了改正，经复查检验合格。通过三级检查，认为本次测绘工作能够满足需要，按照《测绘产品质量评定标准》的规定，综合质量评定为“优良”级。

9.4.2　检查内容

检查内容主要包括地理信息数据要素的检查和专题要素的检查。

（1）地理信息数据要素的检查

包含空间参考系、位置精度、属性精度、完整性、逻辑一致性、表征质量、附件质量等。

1）空间参考系检查包括大地基准、高程基准、地图投影等，采用人工检查的方法。

2）位置精度中，平面精度和高程精度采用查看原始数据的方法进行检查。

3）属性精度、完整性采用人机交互的方法进行。

4）逻辑一致性利用程序自动检查或调用数据核查分析数据文件的存储、组织、归档是否符合要求，数据文件格式、文件命名是否正确，数据文件有无缺失、多余，数据是否可读。

5）表征质量检查，采用人机交互的方式，对要素的几何表达、地理表达、符号、注记、整饰进行检查。

（2）专题要素的检查

包含保护区边界是否与批复文件一致、区域基础地理信息是否正确、面积量算是否正确、成果图制作是否规范。

1）保护区边界与批复文件一致性检查：采用勘测定界成果与批复文件进行严格对照检查。

2）区域基础地理信息检查：采用人机交互的检查方法。

3）面积量算正确性检查：对面积量算方法、保护区界限走向是否与地物完全吻合进行了全面对照。

4）成果图制作是否规范检查：把整个勘测定界成果图的各项要素严格对照有关规范进行检查。

9.4.3 检查标准和依据

1）《全球定位系统（GPS）测量规范》（GB/T 18314—2009）；

2）《全球定位系统实时动态测量（RTK）技术规范》（CH/T 2009—2010）；

3）《国家基本比例尺地图图式》（GB/T 20257—2007）；

4）《中华人民共和国行政区划代码》（GB/T 2260—2012）；

5）《基础地理信息要素分类与代码》（GB/T 13923—2006）；

6）《数字地形图产品基本要求》（GB/T 17278—2007）；

7）《测绘成果质量检查与验收》（GB/T 24356—2009）；

8）《数字测绘成果质量要求》（GB/T 17941—2008）；

9）《饮用水水源保护区标志技术要求》（HJ/T 433—2008）；

10）《集中式饮用水水源地规范化建设环境保护技术要求》（HJ 773—2015）；

11）《道路交通标志和标线要求》（GB 5768—2016）；

12）《图形标志使用原则和要求》（GB/T 15566—2007）；

13）《河南省集中式饮用水水源地保护区勘界立标技术指南》；

14）《安阳市饮用水源地环境保护区划定方案》；

15）《河南省人民政府办公厅关于印发河南省城市集中式饮用水源保护区划的通知》（豫政办〔2007〕125 号）。

9.5 作者点评

本案例 3 个水源地为地下水型水源地，共用一个准保护区，保护区批复范围包含实际地物、虚拟不可见线段等多种类型界线。

由于水源保护区划分批复于 2007 年，距勘界时已近 10 年，保护区划分成果资料匮乏，边界描述及划分成果图比较模糊，划分批复文件中边界地物点名称已发生较大变化，很多地名、路名已不复存在，项目组通过多方沟通、现场踏勘，厘清地物名称变化情况，最终确定需要勘测的保护区边界，较好地保障了勘界成果与划分批复文件的一致性。

第十章　地下水型水源地——洛阳市洛南地下水井群

10.1　水源地基本情况

洛阳市洛南地下水井群水源地位于洛河南焦屯古城一带，建于 1972 年。水源类型为地下水型，埋藏条件为潜水，含水介质类型为孔隙水，地下水位埋深 10 m 左右，据多年动态资料，在枯水期已形成以水源地为中心的复合开采降落漏斗。对应水厂为洛阳北控水务集团涧西供水分公司，设计取水量 4 500 万 t/a，服务人口 70.51 万人。

10.2　保护区划分情况

2007 年 12 月，《河南省人民政府办公厅关于印发河南省城市集中式饮用水源保护区划的通知》（豫政办〔2007〕125 号）划定了洛阳市洛南地下水井群饮用水水源保护区。

2019 年 9 月，《河南省人民政府关于划定调整取消部分集中式饮用水水源保护区的通知》（豫政文〔2019〕125 号）对洛阳市洛南地下水井群饮用水水源保护区进行了调整，调整后的饮用水水源保护区范围为：

（1）一级保护区范围

取水井外围 50 m 的区域。

（2）二级保护区范围

一级保护区外，东至花园街、西至学府街—古城路、南至开元大道、北至洛河的区域；洛河瀛州桥至二广高速公路桥大堤以内的区域。

（3）准保护区范围

涧河 310 国道公路桥至洛河入河口大堤以内的区域。

10.3　勘界实施过程

本次饮用水水源保护区勘测定界，按照《河南省集中式饮用水水源地保护区勘界立标技术指南》推荐程序开展，本次工作主要分为资料收集分析、测量仪器参数校正、卫星遥感影像校正、外业实地勘测、内业综合整理等 5 个阶段，具体如下：

第一阶段：资料收集分析，明确勘界目标范围

收集保护区范围批复文件、保护区划技术报告、原勘界报告、保护区示意图等相关技术资料，结合相关技术标准的要求，进一步明确勘界目标范围和工作方法。

第二阶段：测量仪器参数校正

收集购买河南省 C 级 GPS 网 GPS 控制点（国家 2000 坐标系）3 个，1985 国家高程基准点（三等水准）3 个，用于计算坐标转换参数，校正测量仪器输出数据从 WGS-84 转化到 CGCS 2000 测量坐标。

第三阶段：卫星遥感影像校正

收集相应范围卫星遥感影像资料，采用均匀分布的 GPS 测量点校正影像地图。本次调绘底图采用 1∶10 000 高精度的卫星遥感影像地图，平面坐标系统采用国家 2000 坐标系，高程系统统一采用 1985 国家高程基准。

第四阶段：外业实地勘测

本次测绘采用河南省 CORS 系统 RTK 动态测量方法，由测绘组进驻水源地保护区实地，根据实际情况制定勘界路线，开展实地勘测。测定主要控制点、边界拐点、水井中心、取水口等位置的地理坐标，勘测界定批复文件中保护区范围的边界走向。勘测保护区区域内及外延 100 m 范围内的建筑物、县道及以上级别道路等各类基础信息，水厂、各类型排污口、水源地取水水质监测点位等专题信息。

第五阶段：内业综合整理

在保证外业测绘成果符合相关规范和技术标准要求的基础上，进行内业综合整理工作，通过 ArcGIS 软件建立勘界地理信息数据库并绘制保护区勘界成果图，同时编写勘界报告。

10.3.1 资料收集

收集勘界所需资料如下：

1）保护区范围批复文件、保护区划技术报告、原勘界报告、保护区示意图等相关技术资料；

2）1∶10 000 高精度的卫星遥感影像地图，河南省 C 级 GPS 网 GPS 控制点（国家 2000 坐标系），1985 国家高程基准点（三等水准）。

10.3.2 工作组织

本次饮用水水源保护区勘测定界，在洛阳市生态环境局的领导下，测绘单位设立项目部，下辖外业测绘组、内业综合组、质量检查组、安全监督组、后勤保障组等机构。项目组织实施体系见图 10.1。

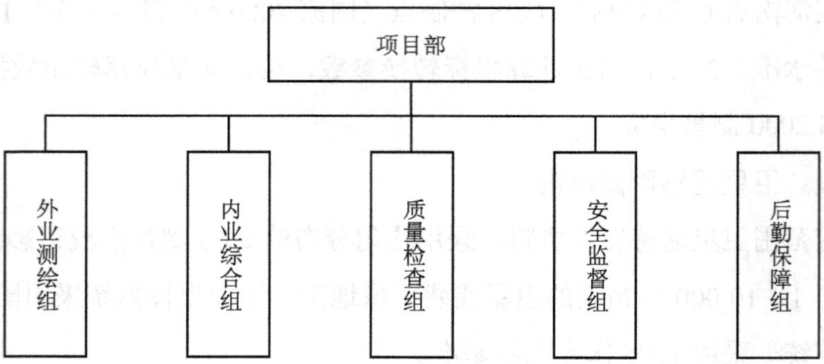

图 10.1 项目组织实施体系

（1）人员组织

本项目共投入人员 12 名，其中项目经理 1 名，外业测绘组 5 人，内业综合组 2 人，专职检查员 1 名，专职安全员 1 名，后勤保障组 2 人。

（2）仪器设备

投入 2 台 GNSS-RTK 仪器，同时支持北斗、GPS、GLONASS 以及伽利略卫星系统。

10.3.3 测绘实施技术方法

根据本次勘界任务测区范围大、测区建构筑物多的特点，本次勘界采用现有 1∶5 000

电子地图作为底图，通过在测区设置多个控制点，对电子地图进行配准，外业采用GPS-RTK接收机和全站仪对保护区边界特征地物进行测绘，内业采用CASS软件制图转至ArcGIS进行数据整理最终形成勘界成果图和勘界数据库。

10.3.4 外业勘测

10.3.4.1 测量仪器参数校正

本次测量收集了河南省测绘网控制点（国家2000坐标系、1985国家高程基准）3个，点类级为C级网，点号分别为C437（冢头）、C444（南王村）、C445（周定王冢）；水准点点名为冢头（III437）、南王村（III444）、周定王冢（III445）。

使用本次配备的2台RTK测量仪进行GPS控制点实测，计算转换参数，将测量仪器按照转换参数进行设置，设置完成后进行外业测绘工作，本次参数转换方法采用四参数+高程拟合参数的方法。

10.3.4.2 水源地保护区外业勘测

由外业测绘1组和外业测绘2组分别勘测取水井中心、保护区边界拐点、水厂、各类型排污口、水源地取水水质监测点等专题信息的地理坐标，保护区及100 m范围内的基础信息勘测。

10.3.5 内业处理

10.3.5.1 整理外业测绘数据

外业测量点主要分为取水井井房测量点（圆形井房3个测量点、方形井房4个测量点、无井房1个中心测量点）、取水井防护围墙测量点、保护区边界测量点、水厂及污水处理厂边界测量点、排污口测量点。根据外业测量点类型，分类整理出本次勘界图件所需要的坐标点。

（1）取水井外业测量点数据整理

圆形取水井井房测量点均为3个，按3点成圆，取圆形中心点为取水井中心坐标点，方形井房测量点均为4个，按4点成矩形，取矩形中心点为取水井中心坐标点，无井房的井盖中心测量点1个，为取水井中心坐标点。

（2）保护区边界外业测量点数据整理

对于取水井一级保护区、二级保护区外推圆形边界的，将取水井中心外业测量点投影到影像图上后，做外推半径圆形矢量边界线，选取圆形上下左右 4 个点作为边界拐点，对于取水井外推圆形区域有重叠的情况，相交点也作为边界拐点。

对于河流、水库保护区外业测量按照保护区实际边界走向进行碎步点测量，实测外业测量点数量较多，内业将保护区边界外业测量点投影到影像图上后，形成完整的保护区矢量边界线，根据分析整理，选取主要边界走向控制点作为边界拐点进行依次编号。

（3）水厂、污水处理厂、排污口及水质监测点外业测量数据整理

分别按数据类别将水厂及污水处理厂边界外业测量点、排污口及水质监测点外业测量点分类整理出来。

10.3.5.2 遥感影像处理

本次工作的高分辨率影像主要采用了国产“高分一号”“高分二号”卫星影像。遥感影像处理与制作要求如下：

1）基础图像的比例尺依据项目要求而定，在数据源选取时考虑成图比例尺。

2）基础遥感影像：以项目要求的标准图幅为单元制作影像图。要求影像质量良好，云覆盖小于 5%。

3）几何校正：几何校正采用多项式拟合法，拟合精度误差小于 1 个像元。

4）图像合成、融合、镶嵌与成图：合成图像各波段间的配准在一个像元内；其他波段与全色波段融合精度应满足全色波段精度；成图精度为成图对角线实测值与理论之差不大于 1 mm。

5）图像处理做好原始记录，包括图像几何校正，镶嵌控制点的位置、坐标，功能处理评价，总结突出不同要素所采取的图像处理方法及信息提取步骤和方法。

10.3.5.3 勘界地理信息数据库

根据《河南省集中式饮用水水源地保护区勘界立标技术指南》中对勘界地理信息数据库的要求，数据库应包括基础地理信息要素图层和专题要素图层。

基础地理信息要素图层包括行政区划界线、河流水系、水库湖泊、交通道路、航线码头、建筑物等图层，参照 GB/T 17278 的相关要求进行命名。专题要素图层包括保护区、保护区界线、水厂、各类型排污口、水源地取水水质监测点位等图层，专题要素按照《河南省集中式饮用水水源地保护区勘界立标技术指南》附录 A.1 的要求进行命名。

利用 ArcGIS 软件按要求分类建立图层，并通过 Excel 数据导入和手动填写等方式附加图层属性，最终建立完善的勘界地理数据库。

10.4　成果质量控制与检查

10.4.1　质量控制措施

项目实行“三级检查、两级验收”制度。三级检查制度即现场作业人员自检、作业组互检、项目专职检查员检查；两级验收即公司质量检查站检查合格后，提交甲方组织验收。要求严格按照《测绘成果质量检查与验收》（GB/T 24356—2009）、《数字测绘成果质量要求》（GB/T 17941—2008）对所提交的测绘成果按优、良、合格 3 个等级进行评定，杜绝不合格品。

（1）作业组自检

自查主要是作业人员对自己的产品进行全面认真的检查，内容包括测量原始记录手簿、RTK 测量仪器、计算的原始数据录入、数据输出的资料是否正确与齐全；影像图的内容及表示是否齐全、正确，综合取舍是否恰当，图式符号运用是否正确，并进行修改，确认无误后提交作业组长检查。

自查的比例：内业成果 100%，外业资料 100%。

（2）作业组互检

在作业组自检基础上开展互检工作，按工序或工作阶段进行 100%的检查，对互检中发现的问题，在检查记录及成果上签署意见，然后及时交作业人员进行核对修改，在此基础上提交下一级检查。

互查的比例：内业成果 100%，外业资料 100%。

（3）项目部专检

专职检查由项目专职检查员检查，内容包括作业人员提交的所有资料，除进行必要的手簿检查外，还应对计算资料进行原始录入数据的校核，用平差程序进行二次平差。影像图用系统检校功能实施属性信息和图形数据的互校，然后根据内业检查情况，有重点地进行实地检测。

专查的比例：内业成果 100%，外业巡视检查 100%。

项目专职检查员全面检查修改后的成果成图，提交单位质检站，单位质检站组织专职检查员进行成果检查。检查内容包括原始调查资料、工作底图、中间过渡成果、电子成果资料和输出的影像图等，进行全面的内业检查和重点的外业抽查，检查后形成检查记录，对检查发现的问题，会同作业人员确认后修改。对项目确保质量合格后提交给甲方组织专家验收。

10.4.2 检查内容

（1）外业质量检查

1）控制点质量，检查 GPS 控制点是否符合条件。

2）计算所采用的方法、软件是否满足要求，计算过程是否保证充分校对，观测值与起算值是否正确无误，取值是否合理。

3）仪器检校的情况，校正后是否状态良好。

4）RTK 测量点是否满足精度要求，测量手簿的记录是否真实、清晰、项目齐全，是否经检查不再有任何计算错误。

（2）成果资料检查

1）勘界地理数据库是否符合《河南省集中式饮用水水源地保护区勘界立标技术指南》中“基础地理信息要素和专题信息要素图层分类与命名”和“基础地理信息要素及专题信息要素图层属性”的要求。

2）各类要素注记表示是否齐全正确，注记位置和数量是否恰当，内容是否完整，符号运用是否恰当。

3）保护区勘界成果制图是否符合图面配置（图名、图阈整饰、指北针、图式、辅助图表、比例尺）及注记要求。

（3）质量检查还应检查以下主要内容

保护区边界是否与批复文件一致，区域基础地理信息是否准确，面积量算是否正确，成果图制作是否规范。

10.4.3 检查标准与依据

本次测量工作质量检查的主要依据如下：

1）《测绘成果质量检查与验收》（GB/T 24356—2009）；

2）《数字测绘成果质量检查与验收》（GB/T 18316—2008）；

3）《全球定位系统 GPS 测量规范》（GB/T 18314—2001）；

4）《全球定位系统实时动态测量（RTK）技术规范》（CHT 2009—2010）；

5）《河南省集中式饮用水水源地保护区勘界立标技术指南》。

10.5　作者点评

该水源地为潜水型地下水型水源地，接受邻近河流的补给，保护区范围包含了邻近河流。保护区批复范围包含实际地物、虚拟不可见线段等多种类型界线。

该次保护区勘界工作，针对取水井位于井房内、无法直接测量水井中心点的情况，采取多点测量、间接推算的方法，较好地保障了勘界成果与划分批复文件的一致性。

第十一章 地下水型水源地——洛阳市孟津区王庄地下水井群

11.1 水源地基本情况

孟津区王庄地下水井群水源地位于黄河河谷区和黄土丘陵区斜坡地带，为地下水型水源地。王庄水源地水井在西至邓家沟，东至西霞院大坝西 700 m，南至焦柳铁路，北至黄河南岸（西霞院水库）200 m 外布井。开采井位于坡洪积扇区，含水层岩性为砂卵石、沙砾石，属于赋存松散岩类孔隙水。布设开采井 12 眼，单井出水量 1 800 m^3/d，总计开采量 20 000 m^3/d，于 2020 年年底投入运行。

11.2 保护区划分情况

2021 年 12 月，《河南省人民政府关于划定调整取消部分集中式饮用水水源保护区的通知》（豫政文〔2021〕206 号）划定了洛阳市孟津区王庄地下水井群饮用水水源保护区，保护区范围为：

（1）一级保护区范围

SJ1～SJ2 取水井外围 200 m 外包线内的区域，SJ4～SJ13 取水井外围 200 m 外包线西南至焦枝铁路以内的区域。

（2）二级保护区范围

一级保护区外，取水井外围 2 200 m 东至西霞院水库大坝防浪墙—河涧沟、南至县道 003—赵岭村北边界、西至柿林村西边界、北至洛阳市市界的区域。

（3）准保护区范围

二级保护区外，赵岭村村界内的区域。

11.3　勘界实施过程

本次饮用水水源保护区勘测定界，按照《河南省集中式饮用水水源地保护区勘界立标技术指南》推荐程序开展，具体流程见图 11.1。

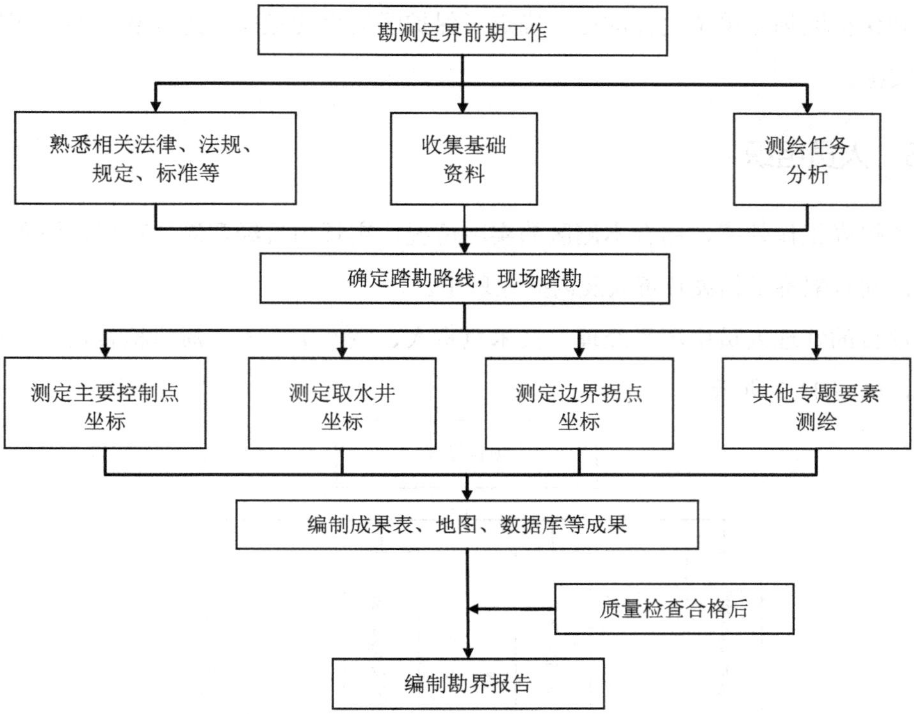

图 11.1　勘界工作流程

11.3.1　资料收集

收集《河南省人民政府关于划定调整取消部分集中式饮用水水源保护区的通知》（豫政文〔2021〕206 号）、《洛阳市孟津区王庄地下水饮用水水源保护区划分技术报告》等资料。

11.3.2　技术交底

洛阳市生态环境局孟津分局组织保护区划定单位、勘界单位、王庄村委会等各方负责人和技术人员召开项目碰头会，对工作进行部署和技术指导。

保护区划定单位详细介绍了王庄水源地整体情况，12 眼水源井的位置，一级保护区、二级保护区、准保护区划定范围，各级保护区边界的大致走向。

勘界单位负责人及各个组员听取了保护区划定单位的技术交底，对照保护区划定报告以及前期现场踏勘情况，技术组和内外业人员经过认真学习讨论，对保护区界线划定以及水源井的精确定位等问题进行了梳理、讨论，梳理罗列出疑难点，汇总整理后与业主单位和保护区划定单位进行沟通，确定了保护区边界的走向，为开展勘界工作提供了依据和支撑。

11.3.3 人员组织

为了提高工作效率，结合本测区的实际情况，实行项目经理制。项目部设置项目经理 1 名，同时配备了相关负责人及内外业班组。

此项目的管理人员由项目经理、技术负责人、生产负责人、质量检查员、安全管理员组成，如图 11.2 所示。

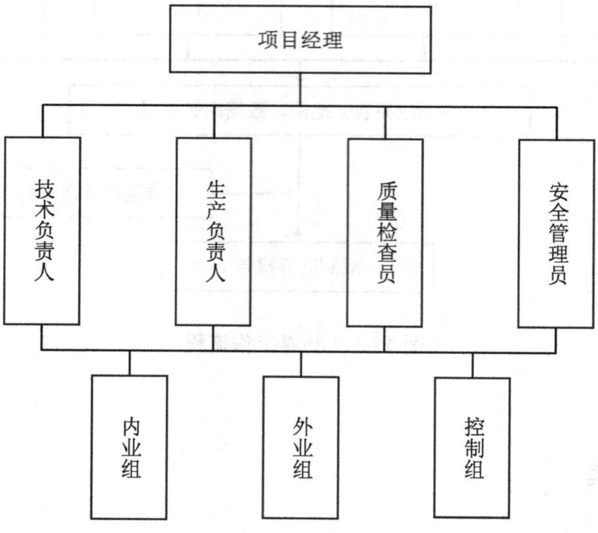

图 11.2 人员组织架构

岗位职责具体分配如下：

1）项目经理是该项目的主要管理人员，对项目全面负责，协同技术负责人、生产负责人、质量检查员、安全管理员及施工人员对该项目的施工进度、质量、安全等方面的工作进行全面管理。并负责和甲方的沟通交流及解决施工中出现的各种情况，人数为 1 人。

2）生产负责人是负责该项目的测量工作人员，根据工期的要求和实际的需要，制定合理的测量方案，组织方案的实施，并根据测量工作进度及小组组长的要求进行人员和仪器的调配，人数为 1 人。

3）技术负责人是该项目中的主要技术管理人员，主要负责技术设计书、技术总结的编写，并解决施工中出现的技术问题，在技术上给予施工人员全面指导，人数为 1 人。

4）质量检查员是负责项目质量的管理人员，其严格执行“三级检查、两级验收”制度，明晰各级人员的质量责任与权利；制定本项目质量管理的相关规定，奖优罚劣，确保提交的产品质量达到优秀级，人数为 2 人。

5）安全管理员负责项目中人和设备的安全，包括人、车、仪器、伙食的安全，让作业人员有一定的安全防范意识，人数为每小组 1 人。

6）作业人员：根据施工方案，按时完成分配的工作；施工中，严格按照规范和技术设计书进行作业，首先对作业质量进行自检，确保无误后，再交质量检查员进行检查。

11.3.4　测绘实施技术方法

根据技术设计书要求，本次勘测定界工作外业测量采用 GPS-RTK 实测和大疆 M300 无人机航飞相结合的方法实施，内业绘图由南方 CASS 10.0、EPS 绘图软件和 ArcGIS 地理信息软件完成。

11.3.5　外业测绘

本项目于 2022 年 10 月 31 日至 11 月 5 日完成了外业测量作业。基于河南省 CORS 网络基站，使用经计量中心校验合格的思拓力 S9i GPS 和大疆 M300 无人机，规范作业，保证测量精度。第一步，使用 GPS-RTK 仪器测定主要控制点、边界控制围墙或道路、水井中心等特征点的地理坐标；第二步，按规范要求布设像控点，使用大疆 M300 无人机，对整个勘界区范围进行无人机航拍，航拍面积达 20 km^2，有效覆盖一级保护区、二级保护区和准保护区范围。

11.3.6　内业成图

（1）外业测量数据处理

使用南方 CASS 10.0 软件配合 EPS 绘图软件，从三维模型和正射影像上提取要素信息。使用 GPS-RTK 测量主要信息，包括控制点、水源井中心点、建筑物、道路等图形数据。做到当天测绘资料当天处理完毕，勘测结束后，编图人员及时检查图形，如有错误或遗漏的，及时进行修改、补测。便于后期地形图入库、出图工作。

外业测量数据先在南方 CASS 10.0 软件上导出 dxf 格式，然后通过 ArcGIS 软件成果图，转换成 Shapefile 格式。

（2）地理数据库建库

根据《河南省集中式饮用水水源地保护勘界立标技术指南》的要求，需建立勘界地理信息数据库，要利用 ArcGIS 软件下的用于管理空间数据资料和数据库设计以及记录和查看元数据的工具 ArcCatalog。

将实测数据从 GPS 导入笔记本电脑，并根据数据库图层分类标准，将数据按类别分为测量控制点、取水口、取水井、保护区拐点、排污口、监测点、其他数据等，然后依次导入数据库对应图层中，同时录入完善一部分属性信息。

（3）信息提取

信息提取主要指的是航空影像信息提取，即从海量的、不完全的、有噪声的、模糊的、随机的实际应用航空影像数据中提取出蕴含在其中的大量的对用户有用的信息（如地物、植被、温度等），并将其（形成结构化的数据）放入数据库中或以其他形式提供给用户查询使用的过程。

常用的航空信息提取的主要方法有两类：一是目视解译，二是计算机信息提取。

目视解译是指利用图像的影像特征（色调或色彩，即波谱特征）和空间特征（形状、大小、阴影、纹理、图形、位置和布局），与多种非航空信息资料（如地形图、各种专题圈）组合，运用其相关规律，进行由此及彼、由表及里、去伪存真的综合分析和逻辑推理的思维过程。

利用计算机进行航空信息的自动提取则必须使用数字图像，由于地物在同一波段、同一地物在不同波段都具有不同的波谱特征，通过对某种地物在各波段的波谱曲线进行分析，根据其特点进行相应的增强处理后，可以在航空影像上识别并提取同类目标物。

在进行水源地保护区勘界中，信息提取的过程主要以航空影像数据为基础，根据不同地物的特征（如形状、位置、纹理等要素）进行人工目视解译，判别水源保护区周边的地物类型，并对其勾绘轮廓和赋予属性。

11.4　成果质量检查

11.4.1　质检标准和依据

为了保证成果资料的准确，满足饮用水水源保护区勘界立标的需要，并为今后发展提供可靠的科学依据，本项目实行“两级检查、一级验收”制度。两级检查即作业组互检、项目专职检查员检查；一级验收即公司质量检查站检查合格后，提交甲方组织验收。

本次测量工作质量检查依据的主要标准为：

1）《测绘成果质量检查与验收》（GB/T 24356—2009）；

2）《数字测绘成果质量检查与验收》（GB/T 18316—2008）；

3）《河南省集中式饮用水水源地保护区勘界立标技术指南》；

4）《全球定位系统实时动态测量（RTK）技术规范》（CHT 2009—2010）；

5）《数字测绘成果质量要求》（GB/T 17941）；

6）《基础地理信息要素分类与代码》（GB/T 13923）；

7）《数字地形图产品基本要求》（GB/T 17278）；

8）《河南省人民政府关于划定调整取消部分集中式饮用水水源保护区的通知》（豫政文〔2021〕206 号）。

除以上质量检查外还应检查保护区边界是否与批复文件一致、区域基础地理信息是否准确、面积量算是否正确、成果图制作是否规范等方面。

11.4.2　质检工作报告

11.4.2.1　过程检查

（1）作业组自检

自查主要是作业人员对自己的产品进行全面的、认真的检查，内容包括测量原始记录手簿、计算的原始数据录入、数据输出的资料是否正确与齐全；地形图的内容及表示是否齐全、正确，综合取舍是否恰当，图式符号运用是否正确，并进行修改，确认无误后提交作业组长检查。

自查的比例：内业成果 100%，外业资料 100%。

（2）作业组互检

在作业组自检基础上开展互检工作，按工序或工作阶段进行100%的检查，对互检中发现的问题，在检查记录及成果上签署意见，然后及时交作业人员进行核对修改，在此基础上提交下一级检查。

互查的比例：内业成果100%，外业资料100%。

（3）项目部专检

专职检查由项目专职检查员检查，内容包括作业人员提交的所有资料，除进行必要的手簿检查外，还应对计算资料进行原始录入数据的校核，用平差程序进行二次平差。地形图用系统检校功能实施属性信息和图形数据的互校，然后根据内业检查情况，有重点地进行实地检测。

专查的比例：内业成果100%，地形图外业巡视检查100%。

项目专职检查员全面检查修改后的成果成图，提交公司质检站，质检站组织专职检查人员进行成果检查。检查内容包括原始调查资料、工作底图、中间过渡成果、电子成果资料和输出的地形图等，进行全面的内业检查和重点的外业抽查，检查后形成检查记录，对查出的问题会同作业人员确认后修改。

11.4.2.2 单位检查

（1）控制成果资料检查

控制作业的质量检查，除一般检查外还着重以下几个方面的质量检查：

1）布点质量，检查布设的野外控制点是否符合条件。

2）计算所采用的方法、软件是否满足要求，计算过程是否保证充分校对，观测值与起算值是否正确无误，取值是否合理。

3）仪器检校的情况，校正后是否状态良好。

4）测量手簿、全站仪的记录是否真实、清晰、项目齐全，是否经检查不再有任何计算错误。

5）平面计算报告和高程计算报告是否计算无误、数据文档是否齐全。

（2）地形图成果资料检查

控制点的位置均匀分布在水源各级保护区周围，能够较好地满足地形测图需要，图廓整饰符合《河南省集中式饮用水水源地保护区勘界立标技术指南》中“专题图图层分类与命名”和“专题图图层属性”的要求；地形要素等注记齐全，表示正确，符号运用恰当；地物、地貌的综合取舍合理，内容完整，符号配置协调，各种注记正确，位置和数量恰当。所有图幅均经过小组、项目部100%的内外业检查。各级检查外业巡视、设站检测控制点、地物点168个，最大地物点平面点位中误差3.79 cm，其结果点位精度均满足限差要求；量取控制点与地物点间距、地物点与地物点间距，最大地物点间距（位移）中误差3.32 cm，小于限差要求。

通过两级检查，认为地形图测绘能够满足需要，按照《测绘产品质量评定标准》的规定，综合质量评定为“优良”级。

11.5　作者点评

该水源地为傍河型地下水型水源地，依山傍水，沿6个自然村蜿蜒曲折，有些保护区界线与村界重合。保护区批复范围包含实际地物、地形地貌、行政区划境界线、虚拟不可见线段等多种类型界线。

该次保护区勘界工作采用前期技术交底的形式，与保护区划分技术单位保持沟通，针对保护区界线与村界重合且未能获取村级行政界线数据的情况，采取由相关村委会安排熟悉村界的村民一路配合踏勘测量工作的方法，结合无人机航拍，较好地保障了勘界成果与划分批复文件的一致性。

第十二章 勘界要点解析

12.1 明确勘界的主要目的和任务

12.1.1 主要目的和任务

从《集中式饮用水水源保护区勘界技术规范》（DB41/T 2528—2023）对于勘界的定义“勘测并确定具有法律作用的饮用水水源保护区边界的过程”可以看出，饮用水水源保护区勘界的主要目的是，将保护区批复文件中的保护区范围边界的有关文字描述，在实地中确定并精准无误地标绘出来。

不能借由保护区勘界工作，对已经批复划定的保护区范围进行实质性的范围调整。

12.1.2 勘界与测量放线

测量放线是一种在建筑和工程项目中使用的技术，其目的是将设计图纸上的尺寸和位置信息转移到实际施工现场。这个过程包括使用测量仪器（如全站仪、经纬仪）来确定关键的控制点，然后将这些点标记在现场，以便后续的施工活动。

测量放线，是基于准确的坐标去现场找点、定点。饮用水水源保护区勘界，是基于保护区批复文件中的保护区范围边界的有关文字描述；虽然保护区划分（调整）技术报告中有坐标，但仅作为辅助，不作为现场测量定点的依据。

在河南省饮用水水源保护区勘界实践中，一些勘界承担单位将饮用水水源保护区勘界简单地理解为测量放线，由此而形成的饮用水水源保护区勘界成果的准确性大打折扣。

12.2　勘界中保护区划分相关方的参与方式

《集中式饮用水水源保护区勘界技术规范》（DB41/T 2528—2023）“6　踏勘与测量”对现场踏勘邀请相关方作出了要求，本书3.7节则给出了详细的解读，保护区划分阶段的有关人员参与到勘界工作中，对于保障勘界成果与划分批复文件的一致性具有很大的作用，本书诸多案例呈现了邀请原保护区划分技术人员会议解读、技术交底以及由保护区划分单位直接勘界或组织第三方测绘单位进行勘界的多种工作方式。

12.3　明确现场踏勘测绘的重点内容和技术手段

12.3.1　分析解构保护区范围边界明确测绘重点内容

《集中式饮用水水源保护区勘界技术规范》（DB41/T 2528—2023）附录C勘界报告大纲中的勘界准备环节，列出了“勘界内容分析：现场测绘内容的分析”一节内容的要求，本书4.3.2节则用实例解读了通过保护区边界拆解来厘清现场勘测的重点内容。

12.3.2　根据保护区边界类别分类确定测绘技术手段

在实践中，保护区边界主要可分为实际地物、实际地物外推一定距离、地形地貌、行政区划境界线、虚拟不可见线段等类别，不同类别的保护区边界可采用不同的测绘手段。

（1）实际地物类

通常为道路、河流、地表构（建）筑物等肉眼可见的实际地物，可通过常规测量手段对实际地物开展现场测量与内业调绘。如有必要，可在此基础上，通过内业处理外推一定距离实现“实际地物外推一定距离”。

（2）地形地貌类

通常为分水岭、山脊线、等高线、水位线等不可见的线，可通过获取现有数字高程模型（DEM），通过空间分析得到；或通过无人机航空测绘手段，获取高精度数字高程模型（DEM），再通过空间分析得到。

（3）行政区划境界线

行政区划境界线主要通过向有关行政管理部门收集资料为主，也可以按照本书第十章案例的方法，通过村民指界去现场测绘得到。

（4）虚拟不可见线段

以上三类保护区边界之外的其他实地不可见的虚拟线段，如河道中泓线、航道线、河道管理范围线等，可根据线段的实际含义，向有关部门收集资料。

12.4 成果质量检查的核心

成果质量检查的首要目标，是保证保护区边界合法性，即要确保勘测形成的保护区边界与批复文件一致。其他方面的检查都是形式检查，如果保护区边界与批复文件不一致，则其他方面的检查毫无意义。

附 录

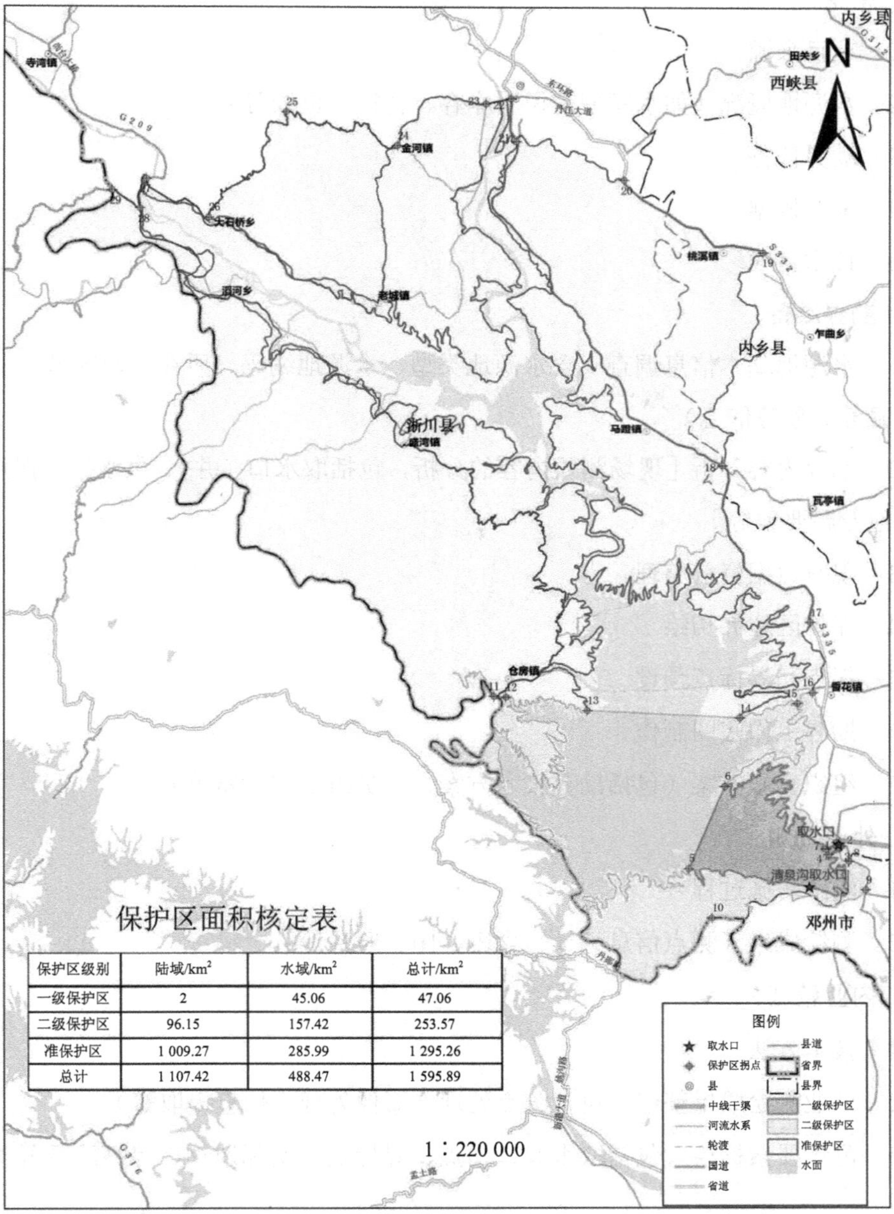

保护区面积核定表

保护区级别	陆域/km^2	水域/km^2	总计/km^2
一级保护区	2	45.06	47.06
二级保护区	96.15	157.42	253.57
准保护区	1 009.27	285.99	1 295.26
总计	1 107.42	488.47	1 595.89

附图 1　丹江口水库（河南辖区）饮用水水源保护区划分成果图

附件 1　保护区勘界报告大纲

1　总论

1.1　项目来源

1.2　水源地概况（如水库型需说明库容、特征水位线等）

1.3　勘界任务

1.4　编制依据

1.5　技术路线

2　勘界准备

2.1　水源地基本信息调查（含水源地类型、水源地编码、所在行政区域、所在河流水系、服务对象等信息）

2.2　勘界内容分析［现场测绘内容的分析，包括取水口（井）、供水厂、拐点、界标点及其他专题要素等］

2.3　现有数据资料整理

2.4　保护区边界初绘

2.5　拐点和界标点预设

2.6　勘界工作底图制作

2.7　组织实施方案（包括勘界技术方案、人员组织与仪器等）

3　外业勘测

3.1　测绘实施过程

3.2　测绘成果（测点信息记录，含表、图、照片等）

4　内业整理

4.1　技术方法

4.2　外业测绘成果整理（包含测点处理、影像处理、信息提取等）

4.3　测量要素标绘（包括取水口、拐点、界标点、实际地物、等高线及各类基础信息等）

4.4　保护区边界标绘

4.5　数据库整理

5 勘测定界成果

5.1 保护区勘测定界说明（定界成果与保护区批复文件一致性分析，若不一致需说明原因及相应处置情况）

5.2 拐点坐标成果及描述（含表、图、照片等）

5.3 界标点成果（含表、图、照片等）

5.4 保护区边界成果（含登记表）

5.5 其他专题要素成果［包括取水口（井）、供水厂等成果列表］

5.6 勘界成果图和数据库

6 质量控制

6.1 质检标准和依据（含质量检查内容等）

6.2 质检工作报告（批复一致性检查；数据格式和属性数据规范性；数据库完整性、逻辑一致性、空间拓扑正确性；成果图的完整性和规范性；勘界报告与成果登记表的完整性和规范性）

7 附表

8 附件

附件（包含但不限于勘界工作委托书、水源保护区批复文件、外业测量工作照片、相关专家评审意见及修改说明等）

9 附图

附图（包含但不限于水源地位置图、保护区边界测绘成果图、保护区勘界与区划对比图、界标点分布图等）

附件 2　专题要素表达图式和注记（样式）

专题要素表达图式样式见附表 1，专题要素注记样式见附表 2。

附表 1　专题要素表达图式

专题要素名称	图式	配色方案	透明度	大小/磅
地表水取水口		边界：R0　G0　B0 填充：R218　G37　B29	0	8
地下水取水井		边界：R255　G0　B0 填充：R255　G255　B255	0	8
供水厂		边界：R0　G0　B0 填充：R0　G0　B0	0	10
一级保护区		边界：R255　G0　B0 填充：R168　G210　B104	30～50	线宽：2
二级保护区		边界：R230　G152　B20 填充：R255　G234　B190	30～50	线宽：2
准保护区		边界：R76　G230　B0 填充：R185　G255　B255	30～50	线宽：2
一级保护区边界		边界：R255　G0　B0	0	2
二级保护区边界		边界：R230　G152　B20	0	2
准保护区边界		边界：R76　G230　B0	0	2
河道管理范围线		边界：R255　G0　B197	0	1
水库特征水位线		边界：R0　G112　B255	0	1
拐点		边界：R0　G0　B0 填充：R156　G156　B156	0	8
界标点		填充：R169　G0　B230	0	12

注：“大小/磅”为建议值，具体作图时可根据图件比例尺的大小确定图例的大小。当不同级别保护区边界重合时，优先显示上一级界线。

附表 2 专题要素注记样式

专题要素名称	注记式样	RGB
取水口（井）	1#井 （仿宋 12 号）	R0 G0 B0
供水厂	中牟县一水厂 （仿宋 12 号）	R0 G0 B0
拐点	A0001 （Times New Roman10 号）	R0 G0 B0
界标点	JA001 （Times New Roman12 号）	R0 G0 B0

附件 3　保护区勘界成果图（样式）

按照版面的横竖布局，附图 2、附图 3 给出了保护区勘界成果图样式。

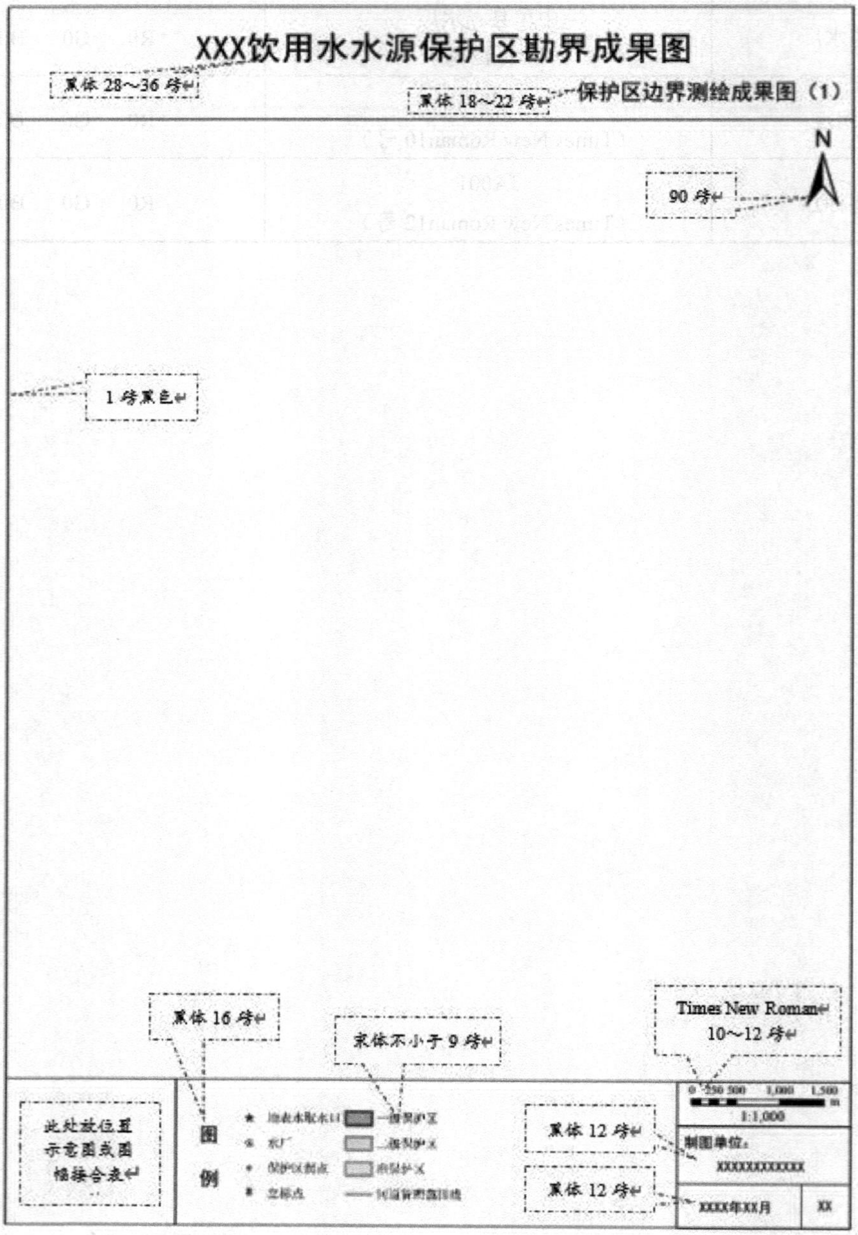

附图 2　水源保护区勘界成果图（样式 1）

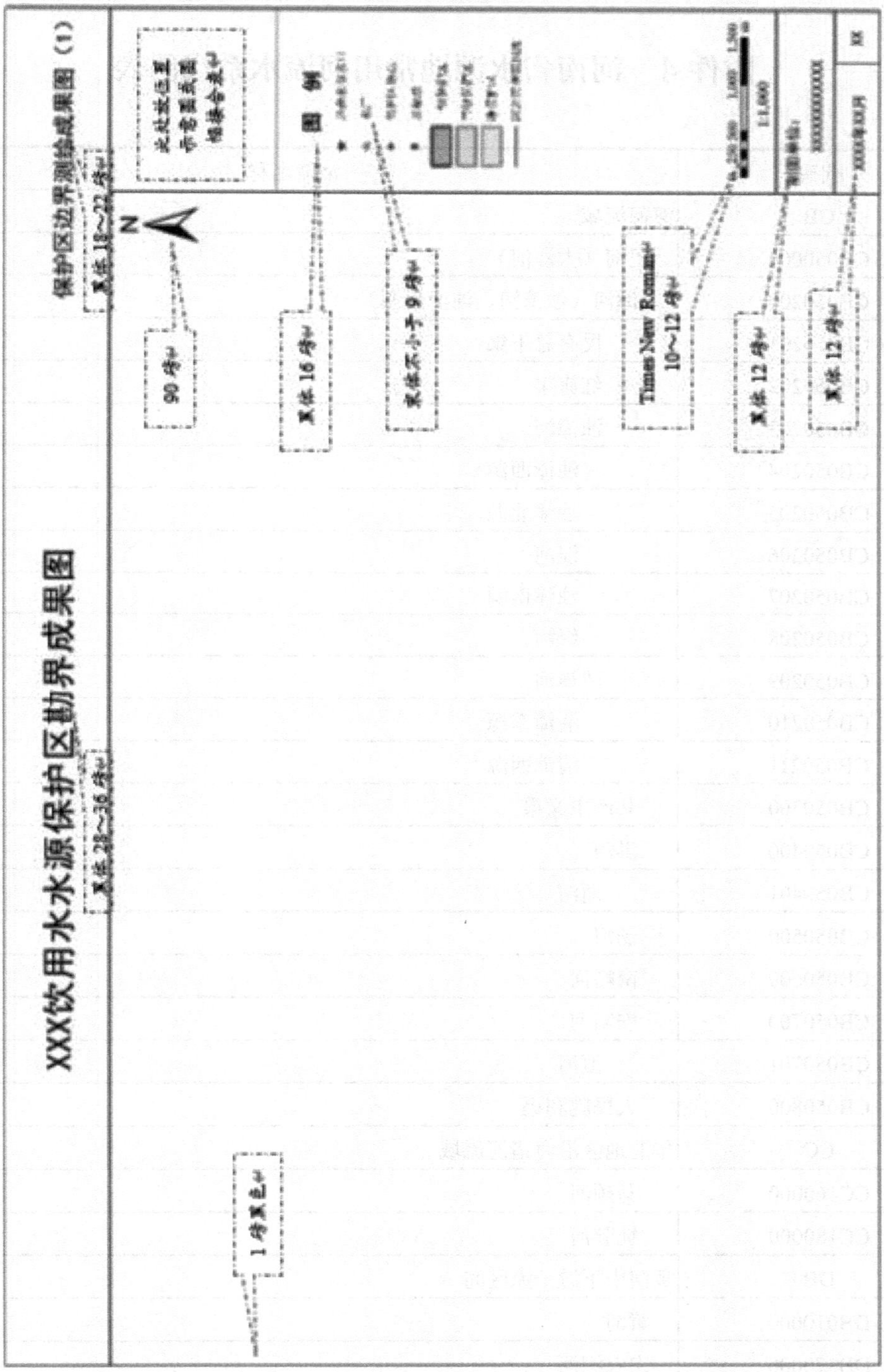

附图 3　水源保护区勘界成果图（样式 2）

附件 4　河南省水源地常用河流水系代码表

代码	河流名称
CB	海河流域
CB050000	卫河（大沙河）
CB050200	漳河（浊漳河、浊漳南源）
CB050201	民有总干渠
CB050202	红旗渠
CB050203	浊漳河
CB050204	浊漳西源
CB050205	浊漳北源
CB050206	涅河
CB050207	浊漳南源
CB050208	绛河
CB050209	清漳河
CB050210	清漳东源
CB050211	清漳西源
CB050300	共产主义渠
CB050400	淇河
CB050401	淅河
CB050500	汤河
CB050600	南峪河
CB050700	安阳河
CB050701	洹河
CB050800	人民胜利渠
CC	华北地区沿海诸河流域
CC160000	马颊河
CC180000	徒骇河
DB	黄河中下游干流区间
DB010000	黄河
DB370000	宏农涧河
DB370100	川口河
DB370200	东涧河

代码	河流名称
DB380000	青龙涧河
DB400000	坡涧河
DB430000	西阳河
DB440000	东阳河
DB450000	大峪河
DB460000	伊洛河
DB460100	洛河（南洛河）
DB460101	石坡河
DB460102	西峪河
DB460103	沙河
DB460104	文峪河
DB460105	渡洋河
DB460106	永昌河
DB460107	韩城河
DB460108	涧水
DB460109	汜水河
DB460110	枯河
DB460200	伊河
DB460201	小河
DB460202	明白川
DB470000	沁河
DB470500	长河
DB470600	丹河
DB470700	蟒河
EA	淮河流域
EA010000	淮河干流
EA050000	竹竿河
EA050100	小潢河
EA060000	清水河
EA070000	寨河
EA080000	闾河
EA090000	潢河
EA090100	泼河
EA100000	洪河（小洪河、大洪河）

代码	河流名称
EA100100	南汝河
EA100101	奎王河
EA100102	臻头河
EA110000	白露河
EA120000	史河
EA120100	灌河
EA120200	泉河
EA120300	食畈河
EA120400	石槽河
EA120500	长江河
EA220000	颍河
EA220100	清水河
EA220200	沙河
EA220201	灰河
EA220400	大浪河
EA220500	清潩河
EA220600	沂河
EA220700	北汝河
EA220701	澈水
EA220800	文化河
EA220900	隐水
EA221000	澧河
EA221001	捌河
EA221100	甘江河
EA221200	贾鲁河
EA221201	双洎河
EA221202	溱水
EA221203	康沟河
EA221204	洧水
EA221205	清水沟
EA221300	大浪沟
EA221400	新运河
EA221500	新蔡河
EA221600	茨河

代码	河流名称
EA221601	晋沟河
EA221602	黑河
EA221700	泉河
EA231701	涎河
EA231702	汾河
EA231703	黑河
EA231704	泥河
EA250000	西淝河
EA250100	界洪新河
EA320000	涡河
EA320100	尉扶河
EA320200	老涡河
EA320300	涡河故道
EA320400	小清河
EA320500	大埝沟
EA320600	铁底河
EA320700	惠济河
EA320701	淤泥河
EA320702	通惠河
EA320703	蒋河
EA320704	废黄河
EA320705	太平沟
EA320800	古宋河
EA320900	洮河
EA321000	大沙河
EA321100	赵王河
EA321200	漳河
EA321201	洺河
EA321400	武家河
EA350000	浍河
EA350100	东沙河
EA350200	洛沟
EA350300	包河
EA350400	懈河

代码	河流名称
EA350500	沫河
EA360000	游河
EA370000	浉河
EA370100	东双河
EA370200	沙河
EA370300	双河
EA380000	新汴河
EA380100	溪河
EA380200	沱河（虬龙河）
EA380201	响河
EA380202	王引河
EA380203	北沱河
EA390000	新濉河
EA400000	池河
FC	长江中下游干流区间
FC000000	长江中下游干流
FC070000	府杯河（府河）
FC071100	杯水
FC071101	广水河
FC071102	应山河
FC071103	大悟河
FC071200	澴水
FC080000	滠水
FC080100	西大河
FC090000	倒水
FC100000	举水
FC100100	浮桥河
FJ	汉江流域
FJ000000	汉江（汉水）
FJ460000	丹江
FJ460100	丹江口水库
FJ460400	淇河
FJ460500	老灌河（淅川）
FJ460501	蛇尾河

代码	河流名称
FJ460600	滔河
FJ490000	清河
FJ490100	排子河
FJ490200	黑水河
FJ500000	唐白河（白河、鸭河）
FJ500100	溧河
FJ500200	潦河
FJ500300	湍河
FJ500301	沿陵河
FJ500302	溢河
FJ500303	赵河
FJ500304	杠河
FJ500400	刁河
FJ500500	黄鸭河
FJ500600	松河
FJ500700	唐河
FJ500701	黑清河
FJ500702	礓石河
FJ500703	涧河
FJ500704	三夹河
FJ500705	桐河
FJ500706	泌阳河
FJ500707	潘河

注：本表来源于《环境统计报表填报指南》（中国环境科学出版社，2008）附录 2-7 全国环境系统水系代码表，部分河流名称根据实际情况进行了修正。

附件 5　勘界数据库质量检查对象与内容

检查分类	检查项目	检查内容	检查对象
数据库完整性检查	图层完整性	必选图层是否齐备，是否符合 DB41/T 2528 的要求	必选图层
		图层名称是否符合 DB41/T 2528 的要求	所有图层
		图层类型是否符合 DB41/T 2528 的要求	所有图层
空间数据基本检查	数据基础	是否缺失坐标系信息	所有图层
		坐标系统是否采用“2000 国家大地坐标系”	所有图层
		高程系统是否采用“1985 国家高程基准”	所有图层
空间属性数据标准性检查	属性数据结构一致性	图层属性字段的数量是否符合 DB41/T 2528 的要求	所有图层
		图层属性字段的字段名称是否符合 DB41/T 2528 的要求	所有图层
		图层属性字段的字段类型是否符合 DB41/T 2528 的要求	所有图层
		图层属性字段的字段长度是否符合 DB41/T 2528 的要求	所有图层
		图层属性字段的字段小数位数是否符合 DB41/T 2528 的要求	所有图层
	代码一致性	字段值是代码的字段取值是否符合 DB41/T 2528 的要求	存在字段取值是代码的图层
	数值范围符合性	字段取值是否符合 DB41/T 2528 规定的值域范围	存在字段取值是数值的图层
	编码唯一性	所填编码是否唯一	存在编码、编号字段的图层
	编码规范性	所填编码内容、长度是否符合 DB41/T 2528 的要求	存在编码、编号字段的图层
	水源地名称规范性	所填水源地名称是否与政府批复文件的名称一致	存在水源地名称字段的图层
	字段必填性	必填字段是否不为空	所有图层

检查分类	检查项目	检查内容	检查对象
空间图形数据拓扑检查（拓扑容差为实地0.000 1 m）[1]	点层内拓扑关系	层内要素是否重叠	所有点图层
	线层内拓扑关系	层内要素是否重叠	所有线图层
		层内要素是否自重叠	所有线图层
		层内要素是否自相交	所有线图层
		层内要素是否存在悬挂点	所有线图层
	面层内拓扑关系	层内要素是否重叠	所有面图层
		层内要素是否存在空隙（若确实存在，须有合理解释）	所有面图层
	线面间拓扑关系	线层内要素是否与面层内要素的边界完全一致	保护区边界与保护区
	碎线检查	线层是否存在实地小于 0.2 m 的碎线	所有线图层
	碎面检查	面层是否存在实地小于 200 m^2 的碎片（若确实存在，须有合理解释）	所有面图层

注：1. 本表所列拓扑检查项目针对的对象是单个水源地的数据，不适用于多个水源地一起拓扑检查的情况；若多个水源地存储于一个数据库中，应对每个水源地的相关数据分别进行拓扑检查。

参考资料

[1] GB/T 2260—2007 中华人民共和国行政区划代码

[2] GB/T 10114—2003 县级以下行政区划代码编制规则

[3] GB/T 14912—2017 1∶500 1∶1 000 1∶2 000 外业数字测图规程

[4] GB/T 17278—2009 数字地形图产品基本要求

[5] GB/T 17798—2007 地理空间数据交换格式

[6] GB/T 20257.1—2017 国家基本比例尺地图图式 第 1 部分：1∶500 1∶1 000 1∶2 000 地形图图式

[7] GB/T 20257.2—2017 国家基本比例尺地图图式 第 2 部分：1∶5 000 1∶10 000 地形图图式

[8] GB/T 25529—2010 地理信息分类与编码规则

[9] GB/T 28167—2011 信息技术 XML 元数据交换（XMI）

[10] GB/T 33453—2016 基础地理信息数据库建设规范

[11] GB/T 39740—2020 自然保护地勘界立标规范

[12] HJ 338—2018 饮用水水源保护区划分技术规范

[13] HJ 747—2015 集中式饮用水水源编码规范

[14] HJ 773—2015 集中式饮用水水源地规范化建设环境保护技术要求

[15] CH/T 9007—2010 基础地理信息数据库测试规程

[16] TD/T 1016—2003 国土资源信息核心元数据标准